高等学校"十二五"应用型本科规划教材

U0229453

AutoCAD工程制图实用教程

支剑锋　编著

西安电子科技大学出版社

内 容 简 介

本书是根据 AutoCAD 2007 Simplified 中文版内容编写而成的。全书共 8 章，内容包括：AutoCAD 的基础知识、常用绘图命令、绘图环境设置、常用修改命令、块与图案填充、文字输入与尺寸标注、三维实体的绘制、常见投影图的绘制(平面图形、三面投影图、零件图、建筑平面图、轴测投影图)，每章后均有课后练习(单选项、思考题、绘图题)。

本书以培养读者熟练使用 AutoCAD 绘制工程图样的应用能力为原则，内容安排由浅入深，注重理论和实践相结合，章节安排易于课堂教学，列举实例针对性强。

本书可作为机械类、建筑类、化工类、电子信息类及其它工科专业的计算机绘图、计算机辅助设计等课程的教材，也可作为各类工程技术人员的自学用书。

图书在版编目(CIP)数据

AutoCAD 工程制图实用教程/支剑锋编著. —西安：西安电子科技大学出版社，2012.8(2014.7 重印)
高等学校"十二五"应用型本科规划教材
ISBN 978-7-5606-2853-0

Ⅰ. ① A⋯　Ⅱ. ① 支⋯　Ⅲ. ① 工程—AtutoCAD 软件—高等学校—教学
Ⅳ. ① TB237

中国版本图书馆 CIP 数据核字(2012)第 155654 号

策　　划　戚文艳
责任编辑　戚文艳
出版发行　西安电子科技大学出版社(西安市太白南路 2 号)
电　　话　(029)88242885　88201467　　　邮　　编　710071
网　　址　www.xduph.com　　　　　　电子邮箱　xdupfxb001@163.com
经　　销　新华书店
印刷单位　陕西天意印务有限责任公司
版　　次　2012 年 8 月第 1 版　　2014 年 7 月第 3 次印刷
开　　本　787 毫米×1092 毫米　1/16　印 张 13.5
字　　数　313 千字
印　　数　6001～9000 册
定　　价　24.00 元
ISBN 978 - 7 - 5606 - 2853 - 0/TB · 0019
XDUP 3145001-3
如有印装问题可调换
本社图书封面为激光防伪覆膜，谨防盗版。

出 版 说 明

  本书为西安科技大学高新学院课程建设的最新成果之一。西安科技大学高新学院是经教育部批准，由西安科技大学主办的全日制普通本科独立学院。学院秉承西安科技大学 50 余年厚重的历史文化传统，充分利用西安科技大学优质教育教学资源，闯出了一条以"产学研"相结合为特色的办学路子，成为一所特色鲜明、管理规范的本科独立学院。

  学院开设本、专科专业 32 个，涵盖工、管、文、艺等多个学科门类，在校学生 1.5 万余人，是陕西省在校学生人数最多的独立学院。学院是"中国教育改革创新示范院校"，2010、2011 连续两年被评为"陕西最佳独立学院"。2013 年被评为"最具就业竞争力"院校。学院部分专业现已被纳入二本招生，成为陕西首批纳入二本招生的独立学院。

  学院注重教学研究与教学改革，实现了陕西独立学院国家级教改项目零的突破。学院围绕"应用型创新人才"这一培养目标，充分利用合作各方在能源、建筑、机电、文化创意等方面的产业优势，突出以科技引领、产学研相结合的办学特色，加强实践教学，以科研、产业带动就业，为学生提供了实习、就业和创业的广阔平台。学院注重国际交流合作和国际化人才培养模式，与美国、加拿大、英国、德国、澳大利亚以及东南亚各国进行深度合作，开展本科双学位、本硕连读、本升硕、专升硕等多个人才培养交流合作项目。

  在学院全面、协调发展的同时，学院以人才培养为根本，高度重视以课程设计为基本内容的各项专业建设，以扎扎实实的专业建设，构建学院社会办学的核心竞争力。学院大力推进教学内容和教学方法的变革与创新，努力建设与时俱进、先进实用的课程教学体系，在师资队伍、教学条件、社会实践及教材建设等各个方面，不断增加投入、提高质量，为广大学子打造能够适应时代挑战、实现自我发展的人才培养模式。为此，学院与西安电子科技大学出版社合作，发挥学院办学条件及优势，不断推出反映学院教学改革与创新成果的新教材，以逐步建设学校特色系列教材为又一举措，推动学院人才培养质量不断迈向新的台阶，同时为在全国建设独立本科教学示范体系，服务全国独立本科人才培养，做出有益探索。

西安科技大学高新学院

西安电子科技大学出版社

2014 年 6 月

高等学校 "十二五" 应用型本科规划教材
编审专家委员会名单

主任委员　赵建会

副主任委员　孙龙杰　汪　洋　李振富

委　　员　翁连正　屈钧利　王军平　沙保胜　乔宝明

前　　言

在目前的计算机绘图领域，AutoCAD 是使用最为广泛的计算机绘图软件，广泛应用于土木建筑、装饰装潢、城市规划、园林设计、电子电路、机械设计、服装鞋帽、航空航天、轻工化工等诸多领域。为了使读者能够快速、准确地掌握计算机绘图技能，作者编写了此书。

本书在编写过程中总结了作者多年的教学经验，依照 AutoCAD 的教学规律，内容安排由浅入深，注重理论与实践相结合，除了讲清理论知识和基本操作以外，还通过大量实例说明绘图技巧。通过本书的学习，读者可以快速而较为全面地掌握 AutoCAD 绘制工程图样的方法。

本书有三个特点：

(1) 内容安排符合初学者的学习特点及课堂教学的实施要求。将 AutoCAD 的各个知识点循序渐进、由浅入深地穿插安排，既符合初学者的学习习惯又便于课堂教学。

(2) 实例和练习题的选用与安排针对性强。在讲清理论知识和基本操作的基础上，有针对性地设计实例和课后练习题，让读者对所学绘制方法进行一对一的训练。

(3) 实例和练习题图示详尽，数量多，种类全。书中所列实例和练习题线型粗细分明，尺寸齐全，图样种类涵盖建筑、机械等多个专业领域。

本书适合各类院校和培训机构作为 AutoCAD 绘图或实训教材，也是一本供广大计算机绘图爱好者自学使用的通俗易懂的参考书。

本书由西安科技大学工程图学系支剑锋编著。

本书在编写过程中得到了西安科技大学工程图学系及西安科技大学高新学院等单位许多领导和老师的支持与帮助，特别是谢泳、胡元哲、蒋宝锋、王云平、樊尚尚、魏朝闻等多位同行的支持和帮助，在此表示衷心的感谢！

本书在编写过程中参考了一些相关书籍，在此特向编著者表示衷心的谢意！

由于编者水平有限，书中难免有不当之处，敬请广大读者不吝指正。

编　者
2012 年 5 月

目　　录

第1章

AutoCAD 的基础知识

☞本章介绍了 AutoCAD 的一些基础知识，主要内容包括：AutoCAD 概述；AutoCAD 的安装与启动；AutoCAD 的退出；AutoCAD 的用户界面；命令的执行；AutoCAD 的文件管理等。

1.1 AutoCAD 概 述

图形是表达和交流技术思想的工具。随着 CAD (计算机辅助设计)技术的飞速发展和普及，越来越多地要求工程设计人员使用计算机软件绘制各种图形，以解决传统手工绘图效率低、准确度差及劳动强度大等缺点。在目前的计算机绘图领域，AutoCAD 是使用最为广泛的计算机绘图软件。

AutoCAD(Autodesk Computer Aided Design)是美国 Autodesk 公司首次于 1982 年开发的通用计算机辅助绘图与设计软件包，能够绘制平面图形与三维图形、标注图形尺寸、渲染图形以及打印输出图纸，深受广大工程技术人员的欢迎。由于它具有功能强大、易于掌握、使用方便、体系结构开放等特点，因而广泛应用于土木建筑、装饰装潢、城市规划、园林设计、电子电路、机械设计、服装鞋帽、航空航天、轻工化工等诸多领域。结合不同的行业客户，Autodesk 开发了行业专用的版本和插件：在机械设计与制造行业中发行了 AutoCAD Mechanical 版本；在电子电路设计行业中发行了 AutoCAD Electrical 版本；在勘测、土方工程与道路设计行业中发行了 Autodesk Civil 3D 版本；而在学校的教学、培训中所用的一般都是 AutoCAD Simplified 版本，即 AutoCAD 通用版本。

AutoCAD 自 1982 年问世以来，已经进行了多次升级，功能日趋完善，目前已成为工程设计领域应用最为广泛的计算机辅助绘图与设计软件之一。该软件推广的文件格式(.dwg)成为二维绘图的常用标准格式。

本书以 AutoCAD 2007 Simplified 版本为例，介绍 AutoCAD 的绘图应用。

特别约定：本书中命令后的斜向箭头(✓)，代表键盘操作按"Enter"键；命令操作说明中简称"回车"。

1.2　AutoCAD 的安装与启动

1.2.1　AutoCAD 2007 的系统需求

若要安装 AutoCAD 2007，计算机应满足必要的系统需求，才能有效地使用 AutoCAD 2007 软件。

1．硬件基本配置

(1) 处理器：Intel Pentium Ⅳ 或更高版本的处理器，或兼容处理器，800 MHz 或更高主频。

(2) 显示器：1024×768VGA，真彩色。

(3) 硬盘：750 MB 可用磁盘空间。

(4) 内存：512 MB。

(5) 显卡：支持 Windows，最小 128 MB 内存，建议使用 256 MB。

(6) CD-ROM 驱动器：4 倍速以上光驱。

(7) 鼠标等。

2．软件环境

(1) 操作系统：Windows XP Home 及 Professional SP1 或 SP2；Windows XP for Tablet PC SP2；Windows 2000 SP3 或 SP4。

(2) 浏览器：Microsoft Internet Explorer 6.0 SP1 或更高版本。

3．可选硬件

打印机或绘图仪、数字化仪、网卡等。

1.2.2　AutoCAD 2007 的安装

AutoCAD 2007 的安装和其他 Windows 应用软件的安装基本相同。

将 AutoCAD 光盘插入计算机的 CD-ROM 驱动器中，在打开的资源管理器中，双击安装程序文件 setup.exe，然后按照提示安装支持部件；支持部件安装完成后，在 AutoCAD 2007 "安装向导"对话框中，单击"下一步"按钮，打开"许可协议"对话框；选择"我接受"单选钮，单击"下一步"按钮，在"序列号"对话框中，输入产品包装上的序列号，然后按照计算机提示，输入用户信息，选择安装类型、安装路径、文本编辑器等。完成后，显示"安装完成"对话框完成安装。

安装结束后，在操作系统的"程序"菜单中会增加"Autodesk"项，同时在桌面上自动生成 AutoCAD 2007 快捷图标。

1.2.3　AutoCAD 2007 的启动

启动 AutoCAD 2007 有多种方法。常用以下两种方法：

(1) 双击 Windows 桌面上的 AutoCAD 2007 快捷图标。

(2) 单击菜单"开始"→"程序"→"Autodesk"→"AutoCAD 2007-Simplified Chinese"→"AutoCAD 2007"项。

程序启动后，打开"工作空间"对话框，如图 1.1 所示。选择需要的工作空间，进入相应的用户界面进行操作。

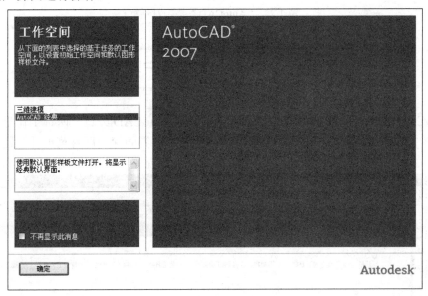

图 1.1　"工作空间"对话框

如果"工作空间"对话框中左下角的"不再显示此消息"复选框被选定，则以后启动 AutoCAD 2007 时将不会出现此对话框。

1.3　AutoCAD 的退出

当用户退出 AutoCAD 2007 时，为了避免文件的丢失，应采取正确的退出方法。

1．操作方法

退出 AutoCAD 2007 可以采用以下三种方法：

(1) 单击 AutoCAD 2007 用户界面中标题栏最左边的图标，在其窗控下拉菜单中选择"关闭"命令；或单击 AutoCAD 2007 用户界面中标题栏最右边的"关闭"按钮❎。

(2) 单击下拉菜单"文件"→"退出"命令。

(3) 在命令行输入"quit"并按"Enter"键。

2．操作说明

命令：quit✓　　　　　　　　　　　　　　　　　　　　　　　　　(执行命令)

此时，系统自动退出 AutoCAD 2007。如果当前图形文件没有保存或修改后未再次保存，系统将弹出"AutoCAD"警告对话框，询问是否保存文件，如图 1.2 所示。按照需要，可进行相应的操作。

图 1.2 "AutoCAD"警告对话框

1.4 AutoCAD 的用户界面

AutoCAD 2007 为用户提供了"三维建模"和"AutoCAD 经典"两种工作空间模式。AutoCAD 2007"AutoCAD 经典"工作空间默认的用户界面除去屏幕菜单外，还包括标题栏、菜单栏、8 个工具栏、绘图区、命令行及状态栏等元素，其组成如图 1.3 所示。

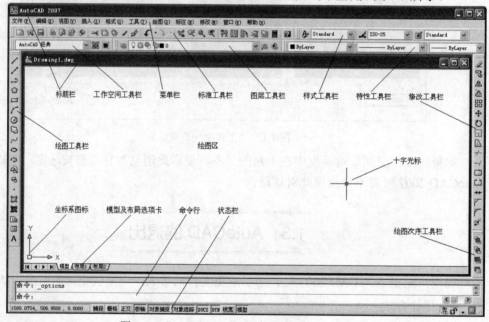

图 1.3 "AutoCAD 2007"的用户界面

1.4.1 标题栏

标题栏包括当前程序标题栏和当前文件标题栏两类。当前程序标题栏位于用户界面的最上面，用于显示当前正在运行的软件 AutoCAD 2007 的图标和名称；当前文件标题栏显示当前图形文件的图标和名称等。如果是 AutoCAD 默认的图形文件，其名称为DrawingN.dwg(N 是数字)。在当前程序标题栏中，最左边是 AutoCAD 2007 的图标，单击它将会弹出 AutoCAD 窗控下拉菜单，可以执行最小化或最大化窗口、恢复窗口、移动窗口、关闭 AutoCAD 等操作。标题栏最右边的按钮，可以最小化、最大化窗口显示或关闭 AutoCAD 等。在当前文件标题栏中，也可对当前文件进行相应的操作。

1.4.2　菜单栏

在标题栏的下面是菜单栏，包含了"文件"、"编辑"、"视图"、"插入"、"格式"、"工具"、"绘图"、"标注"、"修改"、"窗口"和"帮助"等 11 个菜单。这些菜单中几乎包含了 AutoCAD 2007 的所有命令。

单击任何一个菜单名称，都会弹出相应的下拉菜单。下拉菜单有如下特点：

(1) 菜单项后面有省略号"..."，表示单击该选项后，会打开对应的对话框。

(2) 菜单项后面有黑色的小三角，表示该选项还有子菜单。例如在"工具"菜单的"查询"项后有黑色的小三角，当鼠标移至该项时，在其右侧自动显示出子菜单，如图 1.4 所示。

图 1.4　菜单及子菜单

(3) 菜单项后面既无省略号"..."，也无黑色的小三角时，表示该选项为可直接执行的相应命令。

(4) 菜单项为浅灰色时，表示在当前状态下，这些命令不能使用。

(5) 个别菜单项右边有组合键，该组合键是定义的热键，可直接单击热键来执行相应命令。如下拉菜单"编辑"→"带基点复制(B)"菜单项其右侧的组合键"Ctrl+Shift+C"为"带基点复制"命令的热键。

此外，AutoCAD 还具有快捷菜单功能，为用户快速操作提供了方便。在图形窗口、文本窗口、命令窗口或工具栏区域中单击鼠标右键时，在十字光标或光标位置或该位置附近将会显示快捷菜单(也称为上下文菜单)。该菜单中的命令内容与 AutoCAD 当前所处的状态有关。

1.4.3　工具栏

　　工具栏是一组图标型工具的集合。单击工具栏中的某个图标，就会执行相应的命令。当把光标移动到某个图标上时，稍停片刻即在该图标一侧显示相应的工具提示；同时在状态栏左侧，显示对应的说明和命令名。

　　有些图标的右下角带有一个小三角，将光标放在此小三角上并按住鼠标左键会打开相应的工具栏。此时按住鼠标左键，将光标移动到某一图标上然后松开左键，该图标即为当前图标。

　　每个工具栏中都包含多个图标命令按钮，在 AutoCAD 中，系统共提供了二十多个已命名的工具栏。默认情况下，可以看到绘图区顶部的"标准"工具栏、"样式"工具栏、"图层"工具栏以及"特性"工具栏和位于绘图区左侧的"绘图"工具栏，右侧的"修改"工具栏和"绘图次序"工具栏。

　　用户可根据需要添加相应的工具栏。

1. 工具栏的设置

　　(1) 利用快捷菜单设置。将光标移动到任意显示的工具栏上，单击右键，此时弹出一个快捷菜单(该快捷菜单为各工具栏的集合体，其中名称前有"√"符号表示该工具栏处于显示状态)；通过选择所需工具栏的名称项，就可以显示相对应的工具栏。若选择有"√"符号工具栏名称，则该工具栏将在用户界面中不再显示。

　　(2) 利用下拉菜单设置。单击菜单"视图"→"工具栏…"，打开"自定义用户界面"对话框，如图 1.5 所示。首先选择左侧"工作空间"下方"AutoCAD 经典默认(当前)"，然后单击右侧"自定义工作空间"按钮，再点取左侧"工具栏"项前侧的展开符号，打开如图 1.6 所示的对话框。在图 1.6 所示的对话框中，工具栏左侧的复选框有"√"符号，表示该工具栏处于显示状态；工具栏左侧的复选框没有"√"符号，表示该工具栏处于关闭状态。根据需要，选定需显示的工具栏名称前的复选框，单击右上的"完成"按钮，则完成设置。

2. 工具栏的移动

　　所有工具栏都是浮动显示的，可将光标放在工具栏的边缘或标题栏上，按住鼠标左键，拖动鼠标将工具栏移动到适当的位置。

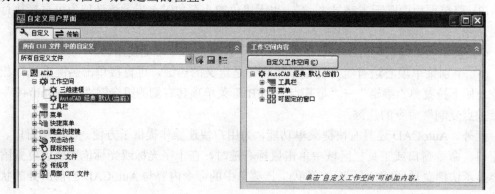

图 1.5　"自定义用户界面"对话框(1)

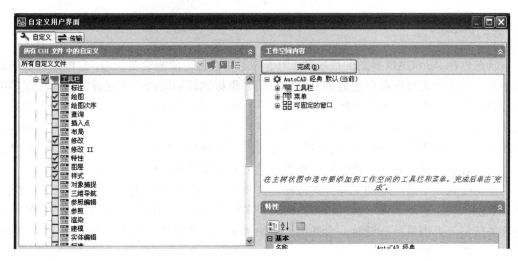

图 1.6　"自定义用户界面"对话框(2)

1.4.4　绘图区

　　绘图区是指在标题栏下方的大片空白区域(默认用户界面下是黑色)。绘图区是用户绘制图形的区域，用户设计完成一幅图形的主要工作都是在绘图区完成的。绘图区可以设置横向和竖向的滚动滑块，移动滑块可以观察绘图区中的不同区域。把鼠标移动到绘图区时，鼠标变成了十字形状，可用鼠标直接在绘图区中定位。

　　在绘图区的左下角有一个用户坐标系图标，表明当前坐标系的类型。在二维绘图缺省状态下，X 坐标向右为正方向，Y 坐标向上为正方向，角度逆时针方向为正向。绘图区域的大小大于 A3 幅面大小，要将当前绘图区设置为 A3 大小，需输入"ZOOM"命令，并选择第一选项"A"后按"Enter"键确认。当然，经常要根据所绘图形的实际大小，设置相应的绘图区域。

　　绘图区的左侧底部有"模型"、"布局 1"、"布局 2"三个选项卡。用户可通过单击选项卡来切换绘图区中的模型空间和图纸空间。AutoCAD 的默认状态是在模型空间，一般的绘图工作都是在模型空间进行的。单击"布局 1"或"布局 2"选项卡，可进入图纸空间，图纸空间主要完成打印输出图形的最终布局。如进入了图纸空间，单击"模型"选项卡即可返回模型空间。如果将鼠标指向任意一个选项卡单击右键，可以使用弹出的右键快捷菜单进行新建、删除、重命名、移动或复制布局等操作。

1.4.5　命令行

　　在绘图区的下方是命令窗口，它是用户与 AutoCAD 进行对话的窗口。命令窗口由若干命令行组成。通过命令行执行命令，与操作菜单栏命令项和工具栏按钮功能相同。在绘图时，无论是选择菜单命令，还是使用工具栏按钮，或者是在命令行输入命令，命令行中都会有提示信息。一般情况下，命令行应至少保留显示所执行的最后三行命令或提示信息。

1.4.6　状态栏

状态栏在 AutoCAD 界面的最底部，用于显示和设置当前的绘图状态。左侧位置数值显示的是当前十字光标所在位置处的三维坐标值，坐标的显示取决于所选择的模式和程序中运行的命令，共有"相对"、"绝对"和"无"3 种模式；中间位置是绘图辅助工具的开关按钮，包括"捕捉"、"栅格"、"正交"、"极轴"、"对象辅捉"、"对象追踪"、"DUCS"、"DYN"、"线宽"和"模型"等按钮；右侧位置是"通信中心"按钮、"工具栏/窗口锁定"按钮、"状态栏"设置按钮等，其中"状态栏"设置按钮可用来设置状态栏上显示的项目内容。

单击任意一个绘图辅助工具开关按钮，可将它们切换成打开或关闭状态。按钮凹陷是打开状态，表示启动了该项功能；按钮凸起是关闭状态，表示关闭了该项功能。在辅助工具开关按钮上单击鼠标右键时，会弹出一个快捷菜单，选择"设置"命令，可打开该辅助工具的设置对话框。

1.5　命令的执行

1.5.1　命令的执行方式

用 AutoCAD 进行绘图设计时，所进行的任何操作都是通过执行相应的命令来完成的。AutoCAD 可供使用的命令执行方式有多种，较常用的是以下三种。

1．利用工具栏

AutoCAD 工具栏上的每个按钮都对应着一个命令。单击工具栏上的命令按钮，则执行其所对应的命令。例如单击"修改"工具栏上的"删除"按钮 ，AutoCAD 执行的是删除命令。

2．利用菜单栏

下拉菜单或快捷菜单的各命令项都对应着一个命令。单击下拉菜单或快捷菜单的命令项，则执行其所对应的命令或操作。例如同样要执行删除命令，可单击下拉菜单"修改"→"删除"命令项，同样执行删除命令。

3．利用命令行

在命令行的"命令:"提示下，通过键盘输入命令或命令缩写(也称命令别名)，按"Enter"键后即可执行相应的命令。

例如：绘制一个中心点坐标为(200，150)，内径为 30，外径为 100 的圆环，其操作如下：

命令: donut↙　　　　　　　　　　　　　　　　　　　　　　　　　　　(执行命令)

指定圆环的内径 <0.5000>: 30↙　　　　　　　　　　　　　　　　(输入内径值，回车)

指定圆环的外径 <1.0000>: 100↙　　　　　　　　　　　　　　　(输入外径值，回车)

指定圆环的中心点或 <退出>:200,150↙　　　　　　　　(输入圆环的中心点坐标，回车)

指定圆环的中心点或 <退出>:↙　　　　　　　　　　　　　　　(回车，结束命令)

1.5.2 命令的结束

有些命令正常执行完后，就会自动结束，如"圆"命令。而有些命令，会不断有命令行提示。如果要结束命令，常用的方法如下：

(1) 键盘操作：按键盘左上角的"Esc"键一次，即可结束命令；或按"Enter"键一至两次，也可结束命令。

(2) 快捷菜单：单击右键，在弹出的快捷菜单中选择"确认"或"取消"项，即可结束命令。

1.5.3 命令的重复执行

当 AutoCAD 刚刚结束某个命令时，若要重复执行该命令，可在命令行的"命令："状态下，直接按"Enter"键或空格键。例如：用"直线"命令画完所需直线段之后，还想立刻再画直线段，则可按"Enter"键或空格键，即可重复执行"直线"命令。 当然，也可在绘图区直接单击右键，在弹出的快捷菜单中选择"重复直线"命令项，再次执行"直线"命令。

1.5.4 命令的提示与选项

在执行命令时，命令行的"命令："提示后会出现相应的提示与选项。例如：在执行"圆"命令时，可能会出现如下提示：

命令: circle 指定圆的圆心或 [三点(3P)/两点(2P)/相切、相切、半径(T)]:

指定圆的半径或 [直径(D)] <198.8888>:

其中：

(1) 方括号"[]"中的内容为可选项，例如"[三点(3P)/两点(2P)/相切、相切、半径(T)]"和"[直径(D)]"。要执行其中某个选项，就要输入该选项后小括号中的代号，然后按"Enter"键，例如要执行"相切、相切、半径(T)"这一项，就要输入"T"，然后按"Enter"键。

(2) 方括号"[]"左侧的内容为提示项，例如"指定圆的圆心"和"指定圆的半径"。要执行这些项目，可在"："后直接按要求输入或指定。

(3) 尖括号中的内容为缺省项，例如"<198.8888>"。要执行该项目，可直接按"Enter"键，例如要画圆的半径为 198.8888，尖括号"<198.8888>"中就是 198.8888，这时直接按"Enter"键即可。

1.5.5 命令的缩写

有些命令具有缩写的名称，也称为命令别名。利用命令行执行命令时，可通过键盘输入命令别名，而不用输入命令的全名，这样可以加快绘图速度。可以为任何 AutoCAD 命令、设备驱动程序命令或外部命令定义别名。AutoCAD 的 acad.pgp 文件的第二部分用于定义命令别名，也可以通过在 ASCII 文本编辑器(例如记事本)中编辑 acad.pgp 来修改现有别名或添加新的别名。部分常用命令及其别名如表 1.1 所示。

表 1.1　部分常用命令及其别名

名　称	命　令	缩　写
圆	circle	c
圆环	donut	do
直线	line	l
矩形	rectang	rec
删除	erase	e
复制	copy	co
镜像	mirror	mi
偏移	offset	o
阵列	array	ar
移动	move	m
修剪	trim	tr
创建块	block	b
插入块	insert	i
正多边形	polygon	pol
标注样式	dimstyle	d
文字样式	style	st
窗口缩放	zoom	z
查询距离	dist	di
实时平移	pan	p
特性匹配	matchprop	ma

1.6　点 的 定 位

在命令执行过程中，常常要精确定位某个点的位置。AutoCAD 提供了多种精确定位点的方法，可以准确地绘制图形。

1.6.1　坐标定位

坐标是表示点的最基本方法。在 AutoCAD 中，坐标系分为世界坐标系(WCS)和用户坐标系(UCS)。默认状态下，当前坐标系为世界坐标系即 WCS，它包括 X 轴和 Y 轴(如果在三维空间工作，还有一个 Z 轴)。世界坐标系(WCS)图标显示于用户界面的左下角，但坐标原点并不在坐标系的交汇点，而位于绘图区的左下角，所有的位移都是相对于原点计算的，并且沿 X 轴正向及 Y 轴正向的位移规定为正方向，角度数值逆时针方向为正向。

坐标定位就是通过在命令行输入相应的参数值来确定点的位置。坐标定位一般常用三种坐标，即绝对坐标、相对直角坐标和相对极坐标。

1．绝对坐标

绝对坐标的表示方式为：X,Y。其中，"X"表示确定点的 X 坐标值，"Y"表示确定点的 Y 坐标值。

例如，如图 1.7 所示的直角三角形，若左下端点的坐标为(100,100)，用直线命令绘制，操作如下：

命令: line↙　　　　　　　　　　　　　　　　　　　　　　　　(执行命令)

指定第一点:100,100↙　　　　　　　　　　(输入确定左下端点的绝对坐标，回车)

指定下一点或 [放弃(U)]:400,100↙　　　　(输入确定右下端点的绝对坐标，回车)

指定下一点或 [放弃(U)]:400,250↙　　　　(输入确定右上端点的绝对坐标，回车)

指定下一点或 [闭合(C)/放弃(U)]:c↙　　　　　　(选择可选项"闭合"，回车)

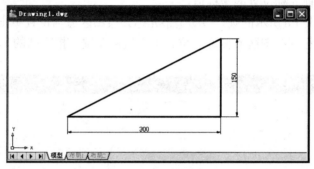

图 1.7　坐标定位示例

2．相对直角坐标

相对直角坐标的表示方式为：@ΔX, ΔY。其中，"@"表示相对坐标，"ΔX"表示确定点相对于前一点 X 坐标的增量，"ΔY"表示确定点相对前一点 Y 坐标的增量，增量之间用逗号","分隔。

例如，如图 1.7 所示的直角三角形，若左下端点的坐标为(100,100)，用直线命令绘制，操作如下：

命令: line↙　　　　　　　　　　　　　　　　　　　　　　　　(执行命令)

指定第一点:100,100↙　　　　　　　　　　(输入确定左下端点的绝对坐标，回车)

指定下一点或 [放弃(U)]:@300,0↙　　　　(输入确定右下端点的相对直角坐标，回车)

指定下一点或 [放弃(U)]:@0,150↙　　　　(输入确定右上端点的相对直角坐标，回车)

指定下一点或 [闭合(C)/放弃(U)]:c↙　　　　　　(选择可选项"闭合"，回车)

3．相对极坐标

相对极坐标的表示方式为：@ L<α。其中，"@"表示相对坐标，"L"表示确定点与前一点之间的距离，"α"表示确定点与前一点连线与 X 轴正向之间的夹角，距离和夹角之间用小于号"<"分隔。

例如，如图 1.7 所示的直角三角形，若左下端点的坐标为(100,100)，用直线命令绘制，操作如下：

命令: line↙　　　　　　　　　　　　　　　　　　　　　　　　(执行命令)

指定第一点:100,100↙　　　　　　　　　　(输入确定左下端点的绝对坐标，回车)

指定下一点或 [放弃(U)]:@300<0↙   (输入确定右下端点的相对极坐标,回车)

指定下一点或 [放弃(U)]:@150<90↙   (输入确定右上端点的相对极坐标,回车)

指定下一点或 [闭合(C)/放弃(U)]:c↙   (选择可选项"闭合",回车)

1.6.2 光标定位

光标定位就是指移动光标,直接在绘图区需要的位置单击鼠标左键来确定点位置的一种方法。

当移动十字光标时,其坐标值会不断变化,状态栏左边的坐标显示区将显示其当前位置。在 AutoCAD 2007 中,坐标显示的是动态直角坐标,随着光标移动,坐标的显示连续更新,随时指示当前光标位置的坐标值。

例如,绘制如图 1.8 所示的圆,移动十字光标到绘图区适当位置单击鼠标左键,指定圆的圆心;再移动鼠标到绘图区右侧适当位置单击鼠标左键,指定圆的半径大小,即可完成一个圆的的绘制。

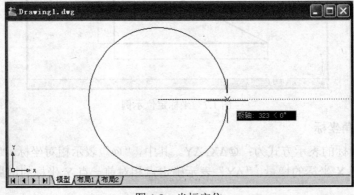

图 1.8 光标定位

1.7 AutoCAD 的文件管理

AutoCAD 的文件管理包括图形文件的新建、打开、保存、关闭以及保护等。

1.7.1 图形文件的新建

1.操作方法

新建图形文件有以下三种方法:

(1) 单击"标准"工具栏上的"新建"按钮□。

(2) 单击下拉菜单"文件"→"新建"命令。

(3) 在命令行输入"new"并按"Enter"键。

2.操作说明

命令:new↙   (执行命令)

这时系统打开"选择样板"对话框，如图 1.9 所示。在"名称"列表框中，用户可根据不同的需要选择样板文件。选择样板后，单击"打开"按钮，即在用户窗口中显示新建的文件。绘制二维图形一般选择"acadiso.dwt"样板文件；绘制三维图形一般选择"acadiso3D.dwt"样板文件。

图 1.9 "选择样板"对话框

1.7.2 图形文件的打开

1．操作方法

图形文件的打开方法有以下三种：

(1) 单击"标准"工具栏上的"打开"按钮 。
(2) 单击下拉菜单"文件"→"打开"命令。
(3) 在命令行输入"open"并按"Enter"键。

2．操作说明

命令：open↙   (执行命令)

此时打开"选择文件"对话框，如图 1.10 所示。选择需要打开的图形文件(在右面的"预览"框中将显示出该文件的预览图像)，单击"打开"按钮，即可打开需要的图形文件。

在单击"打开"按钮时，可点击"打开"按钮右侧的列表框按钮 ，选择打开方式。在 AutoCAD 中可以以"打开"、"以只读方式打开"、"局部打开"和"以只读方式局部打开"4 种方式打开图形文件。

当以"打开"或"局部打开"方式打开图形时，可以对打开的图形进行编辑；如果选择"以只读方式打开"或"以只读方式局部打开"，则无法对打开的图形进行编辑。

如果选择"局部打开"或"以只读方式局部打开"，这时将打开"局部打开"对话框。可以在"要加载几何图形的视图"选项组中选择要打开的视图，在"要加载几何图形的图层"选项组中选择要打开的图层，然后单击"打开"按钮，即可在视图中打开选中图层上的对象。

图 1.10 "选择文件"对话框

1.7.3 图形文件的保存

在 AutoCAD 中，可以使用多种方式将所绘图形以文件形式存入磁盘。

1. 另存文件

1) 操作方法

(1) 单击下拉菜单"文件"→"另存为"命令。

(2) 在命令行输入"saveas"并按"Enter"键。

2) 操作说明

命令：saveas✓ (执行命令)

当时，系统弹出"图形另存为"对话框，如图 1.11 所示。

图 1.11 "图形另存为"对话框

在"保存于"列表框中指定图形文件保存的路径。在"文件名"文本框中输入图形文件的名称。在"文件类型"列表框中选择图形文件要保存的类型。设置完成后，单击"保存"按钮，即可完成文件的保存。

2．快速保存

1) 操作方法

(1) 单击"标准"工具栏上的"保存"按钮 ![icon] 。

(2) 单击下拉菜单"文件"→"保存"命令。

(3) 在命令行输入"qsave"并按"Enter"键。

2) 操作说明

命令：qsave↙　　　　　　　　　　　　　　　　　　　　　　　　　　(执行命令)

当第一次保存当前图形时，系统会弹出"图形另存为"对话框，如图 1.11 所示，用户可以命名文件后选择保存文件，这时如同执行"另存为"命令。

若图形文件已被命名保存过，这时并不会弹出任何对话框，系统将以当前使用的文件名保存图形文件。

默认情况下，文件以"AutoCAD 2007 图形(*.dwg)"格式保存，也可以在"文件类型"列表框中选择其他格式，如 AutoCAD 2004/LT2004 图形(*.dwg)、AutoCAD 2000/LT2000 图形(*.dwg)、AutoCAD 图形样板(*.dwt)等格式。

1.7.4　图形文件的关闭

1．操作方法

(1) 单击当前文件标题栏右上角的"关闭"按钮 ![icon] 。

(2) 单击下拉菜单"文件"→"关闭"命令。

(3) 在命令行输入"close"并按"Enter"键。

2．操作说明

命令：close↙　　　　　　　　　　　　　　　　　　　　　　　　　　(执行命令)

此时，系统自动关闭当前图形文件。如果图形文件没有保存或未做修改后的最后一次保存，系统将弹出"AutoCAD"提示对话框，询问是否保存文件，如图 1.12 所示。

图 1.12　"AutoCAD"提示对话框

此时，单击"是"按钮或直接按"Enter"键，系统打开"图形另存为"对话框，要求用户确定图形文件存放的位置和名称，然后将其关闭；单击"否"按钮，可以关闭当前图形文件但不存盘；单击"取消"按钮，取消关闭当前图形文件操作，返回编辑状态。

1.8　课后练习

1. 单选题

(1) AutoCAD 的英文全称是_____。

    (A) Autodesk Computer Aided Design

    (B) Autodesk Computer Aided Drawing

    (C) Autodesk Computer Aided Graphics

(D) Autodesk Computer Aided Plan

(2) AutoCAD 2007 的默认窗口界面不包含_____。

    (A) 标题栏　　　　　　　　　　　(B) 命令行

    (C) 菜单栏　　　　　　　　　　　(D) 标注工具栏

(3) 菜单项后面有"…"时，表示该选项_____。

    (A) 还有子菜单　　　　　　　　　(B) 单击将会出现对话框

    (C) 不可用　　　　　　　　　　　(D) 可直接执行相应的命令

(4) AutoCAD 提供的命令执行方式有多种，较常用的三种中不包含_____。

    (A) 利用菜单栏　　　　　　　　　(B) 利用命令行

    (C) 利用工具栏　　　　　　　　　(D) 利用标题栏

(5) AutoCAD 2007 默认的图形保存格式是_____。

    (A) *.dwg　　　　　　　　　　　(B) *.dwt

    (C) *.bak　　　　　　　　　　　(D) *.dxf

(6) 再次执行一个刚刚结束的命令，较为简便的方法是_____。

    (A) 按"Enter"键　　　　　　　　(B) 按"Alt"键

    (C) 按"Esc"键　　　　　　　　　(D) 按"Shift"键

(7) 在 AutoCAD 中，下列坐标中表示相对直角坐标输入方式的是_____。

    (A) @50，150　　　　　　　　　(B) @50<150

    (C) 50，150　　　　　　　　　　(D) 50<150

(8) 如果用直线命令绘制起点为(50，50)，与 X 轴正方向成 30 度，长度为 150 的直线段，应输入_____。

    (A) 50，50　　　　　　　　　　(B) @50，150

    (C) @150<30　　　　　　　　　(D) 150，30

2. 思考题

(1) AutoCAD 2007 的用户界面主要由哪几部分组成？

(2) AutoCAD 的状态栏包含什么内容？

(3) 如何在用户界面上设置"标注"工具栏？

(4) 如何创建一个新的图形文件？如何保存图形文件？

(5) 相对直角坐标的表示方式为：@ΔX, ΔY。其中，"ΔX"和"ΔY"分别表示什么？

(6) 相对极坐标的表示方式为：@ L<α。其中，"L"和"α"分别表示什么？

(7) 如何关闭当前文件？如何退出 AutoCAD 2007 系统？

3．绘图题

(1) 启动 AutoCAD 2007，创建一个名为"图 1.1"的新图形文件并保存在桌面上。

(2) 给 AutoCAD 2007 的工作界面加载"查询"和"标注"工具栏。

第 2 章

常用绘图命令

☞本章介绍了设计图形时常用绘图命令的操作方法，主要内容包括："绘图"菜单和"绘图"工具栏，"直线"命令、"多段线"命令、"正多边形"命令、"矩形"命令、"圆弧"命令、"样条曲线"命令、"椭圆"命令、"点"命令等操作。

AutoCAD 2007 中，绘图命令使用非常广泛，是进行绘图设计的基础，因此要熟练掌握它们的使用方法和使用技巧。

∽∽∽∽∽∽∽∽∽∽∽∽∽∽∽∽∽∽∽∽∽

2.1   "绘图"菜单和"绘图"工具栏

绘图命令的执行，较常用的方式也是利用工具栏、菜单栏和命令行等三种方式来实现的。有必要了解各种绘图命令存在的方式和位置。

2.1.1   "绘图"菜单

常用绘图命令在"绘图"菜单及其子菜单中的位置如图 2.1 所示。"绘图"菜单包含了 AutoCAD 2007 的绝大部分绘图命令。

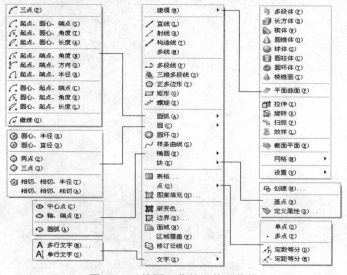

图 2.1   "绘图"菜单及其子菜单

2.1.2 "绘图"工具栏

"绘图"工具栏是常用绘图命令的集合体,常见绘图命令在其上的位置如图 2.2 所示。"绘图"工具栏中的命令按钮都与"绘图"菜单中相应的绘图命令对应。

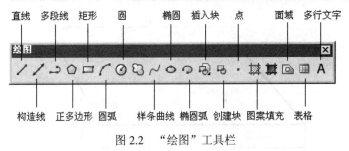

图 2.2 "绘图"工具栏

2.2 绘图命令的操作

2.2.1 "直线"命令

"直线"命令用于绘制一条或多条连续的直线段,每个直线段都是一个独立的对象。

1. 操作方法

(1) 单击"绘图"工具栏上的"直线"按钮 /。
(2) 单击下拉菜单"绘图"→"直线"命令。
(3) 在命令行输入"line"并按"Enter"键。

2. 操作说明

命令:line✓ (执行命令)
指定第一点: (指定起点)
指定下一点或[放弃(U)]: (指定下一点)
指定下一点或[放弃(U)]: (指定下一点,或输入选项、或回车结束命令)
指定下一点或[闭合(C)/放弃(U)]: (指定下一点,或输入选项、或回车结束命令)

(1) 放弃。删除最后绘制的线段。在确定第二个或以后各点时,均可使用"放弃"选项。

(2) 闭合。以第一条线段的起始点作为最后一条线段的端点,形成一个闭合的平面图形。在绘制了两条或两条以上线段之后,可以使用"闭合"选项。

3. 应用举例

用"直线"命令绘制如图 2.3 所示的图形。

命令:line✓ (执行命令)
指定第一点: (在适当位置单击左键,定左下点)
指定下一点或 [放弃(U)]: @391<0✓ (输入相对极坐标,定右下点)

指定下一点或 ［放弃(U)]: @169<60↙   （输入相对极坐标，定右上点）

指定下一点或 [闭合(C)/放弃(U)]: @-347，0↙   （输入相对直角坐标，定左上点）

指定下一点或 [闭合(C)/放弃(U)]: c↙   （输入选项"C"，返回起点）

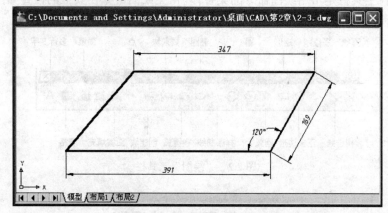

图 2.3   "直线"命令练习图例

2.2.2   "多段线"命令

"多段线"命令用于绘制相互连接的直线段、弧线段或两者的组合线段。一次绘制而成的组合线段是一个单一对象。

1. 操作方法

(1) 单击"绘图"工具栏上的"多段线"按钮 。

(2) 单击下拉菜单"绘图"→"多段线"命令。

(3) 在命令行输入"pline"并按"Enter"键。

2. 操作说明

命令：pline↙   （执行命令）

指定起点：   （指定多段线的起点）

当前线宽为 0   （信息行）

指定下一个点或 [圆弧(A)/半宽(H)/长度(L)/放弃(U)/宽度(W)]:   （指定下一点，或输入选项）

指定下一点或 [圆弧(A)/闭合(C)/半宽(H)/长度(L)/放弃(U)/宽度(W)]:

                     （指定下一点，或输入选项，或回车结束命令）

(1) 指定下一个点：指定下一个端点，AutoCAD 便以当前线宽从起点到该点绘制出一条多段线。

(2) 圆弧：转换为绘制圆弧的方式，并以最后所绘制的直线的端点作为圆弧的起点。绘制圆弧的命令提示与说明和"圆弧"命令相同。

(3) 半宽：设置多段线的半宽度。

(4) 长度：设置直线段的长度。执行该选项，则命令行提示：

指定直线的长度：   （输入直线的长度值）

输入直线的长度值，并按"Enter"键，AutoCAD 沿着前一条多段线的方向以输入的长度绘出一条直线。

(5) 放弃：取消最后一次绘制在多段线上的直线或圆弧。

(6) 宽度：设置多段线的宽度。执行该选项，则命令行提示：

指定起点宽度<0>： (输入起点的宽度值)

指定端点宽度<0>： (输入末点的宽度值)

(7) 闭合：绘制了两段线后，选择此项，AutoCAD 从当前点到起始点以当前线宽绘制一条直线，形成一个封闭线框，同时结束"多段线"命令。

3．应用举例

用"多段线"命令绘制如图 2.4 所示的图形。

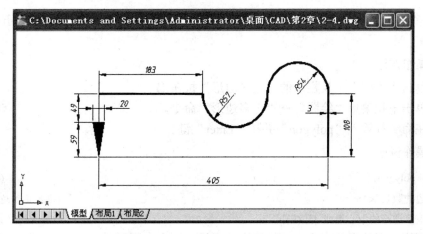

图 2.4　"多段线"命令练习图例

命令：pline✓ (执行命令)

指定起点： (在绘图区适当位置点击，定左下点)

当前线宽为 0 (信息行)

指定下一个点或 [圆弧(A)/半宽(H)/长度(L)/放弃(U)/宽度(W)]：@405,0✓ (定右下点)

指定下一点或 [圆弧(A)/闭合(C)/半宽(H)/长度(L)/放弃(U)/宽度(W)]：w✓ (输入选项"w")

指定起点宽度 <0>：3✓ (输入起点宽度)

指定端点宽度 <3>：✓ (回车)

指定下一点或 [圆弧(A)/闭合(C)/半宽(H)/长度(L)/放弃(U)/宽度(W)]：@108<90✓ (定右上点)

指定下一点或 [圆弧(A)/闭合(C)/半宽(H)/长度(L)/放弃(U)/宽度(W)]：a✓ (输入选项"a")

指定圆弧的端点或[角度(A)/圆心(CE)/闭合(CL)/方向(D)/半宽(H)/直线(L)/半径(R)/

第二个点(S)/放弃(U)/宽度(W)]：@108<180✓ (定 R54 半圆的左端点)

指定圆弧的端点或[角度(A)/圆心(CE)/闭合(CL)/方向(D)/半宽(H)/直线(L)/

半径(R)/第二个点(S)/放弃(U)/宽度(W)]：@114<180 (定 R57 半圆的左端点)

指定圆弧的端点或[角度(A)/圆心(CE)/闭合(CL)/方向(D)/半宽(H)/直线(L)/

半径(R)/第二个点(S)/放弃(U)/宽度(W)]：l✓ (输入选项"l")

指定下一点或 [圆弧(A)/闭合(C)/半宽(H)/长度(L)/放弃(U)/宽度(W)]：@183<180✓ (定左上点)

指定下一点或 [圆弧(A)/闭合(C)/半宽(H)/长度(L)/放弃(U)/宽度(W)]：w✓ (输入选项"w")

指定起点宽度 <3>: 0✓   (输入起点宽度)

指定端点宽度 <0>:✓   (回车)

指定下一点或[圆弧(A)/闭合(C)/半宽(H)/长度(L)/放弃(U)/宽度(W)]:@49<270✓ (定 49 直线的下端点)

指定下一点或[圆弧(A)/闭合(C)/半宽(H)/长度(L)/放弃(U)/宽度(W)]: w✓   (输入选项 "w")

指定起点宽度 <0>: 20✓   (输入起点宽度)

指定端点宽度 <20>: 0✓   (回车)

指定下一点或 [圆弧(A)/闭合(C)/半宽(H)/长度(L)/放弃(U)/宽度(W)]: c✓   (输入选项 "c")

2.2.3 "正多边形"命令

"正多边形"命令用来绘制规则等边多边形，如等边三角形、正方形、正五边形、正六边形等。

1. 操作方法

(1) 单击"绘图"工具栏上的"正多边形"按钮⬠。

(2) 单击下拉菜单"绘图"→"正多边形"命令。

(3) 在命令行输入"polygon"并按"Enter"键。

2. 操作说明

命令: polygon✓   (执行命令)

输入边的数目 <4>:   (输入正多边形的边数)

指定正多边形的中心点或 [边(E)]:

(1) 指定正多边形的中心点：指定中心点后，则命令行提示：

输入选项 [内接于圆(I)/外切于圆(C)] <I>:

① 内接于圆：用内接于圆的方式绘制正多边形。执行该选项，则命令行提示：

指定圆的半径：   (输入正多边形外接圆的半径)

此时，AutoCAD 按内接于圆的方式绘出指定边数的正多边形。

② 外切于圆：用外切于圆的方式绘制多边形。执行该选项，则命令行提示：

指定圆的半径：   (输入正多边形内切圆的半径)

此时，AutoCAD 按外切于圆的方式绘出指定边数的正多边形。

(2) 边：根据正多边形的边数和正多边形上一条边的两端点绘制正多边形。执行该选项，命令行提示：

指定边的第一个端点：   (指定正多边形某条边上的第一个端点)

指定边的第二个端点：   (指定第二个端点)

AutoCAD 便以这两个点的连线作为正多边形的一条边，并按指定的边数以逆时针方向绘制出正多边形。

3. 应用举例

用"正多边形"命令绘制如图 2.5 所示的正六边形和正七边形图形。

1) 绘制图形(1)

命令: polygon ✓   (执行命令)

输入边的数目<3>: 6✓ 　　　　　　　　　　　　　　　　　　　　　　　　　　　　　（输入边数）

指定正多边形的中心点或 [边(E)]: 　　　　　　　　　　　　　　　　　　（在适当位置单击左键，定中心点）

输入选项 [内接于圆(I)/外切于圆(C)] <C>: i✓ 　　　　　　　　　　　　　　　　　　（输入选项"i"）

指定圆的半径: 60✓ 　　　　　　　　　　　　　　　　　　　（输入外接圆半径，回车结束命令）

2）绘制图形(2)

命令: polygon✓ 　　　　　　　　　　　　　　　　　　　　　　　　　　　　　　（执行命令）

输入边的数目 <6>:✓ 　　　　　　　　　　　　　　　　　　　　　　　　　　　　（回车）

指定正多边形的中心点或 [边(E)]: 　　　　　　　　　　　　　　　　　　（在适当位置单击左键，定中心点）

输入选项 [内接于圆(I)/外切于圆(C)] <I>: c✓ 　　　　　　　　　　　　　　　　　　（输入选项"c"）

指定圆的半径: 60✓ 　　　　　　　　　　　　　　　　　　　（输入内切圆半径，回车结束命令）

3）绘制图形(3)

命令: polygon✓ 　　　　　　　　　　　　　　　　　　　　　　　　　　　　　　（执行命令）

输入边的数目 <6>: 7✓ 　　　　　　　　　　　　　　　　　　　　　　　　　　（输入边数）

指定正多边形的中心点或 [边(E)]: e✓ 　　　　　　　　　　　　　　　　　　　　（输入选项"e"）

指定边的第一个端点: 　　　　　　　　　　　　　　　　　　（在适当位置单击左键，定最下边线左端点）

指定边的第二个端点: @60<0✓ 　　　　　　　　　　　　　　　　　　（输入极坐标，回车结束命令）

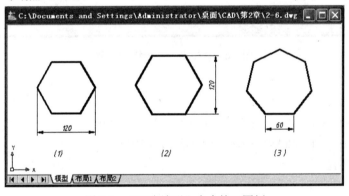

图 2.5　"正多边形"命令练习图例

2.2.4　"矩形"命令

"矩形"命令用来快速绘制矩形，当然也包括正方形。

1．操作方法

(1) 单击"绘图"工具栏上的"矩形"按钮 ▭ 。

(2) 单击下拉菜单"绘图"→"矩形"命令。

(3) 在命令行输入"rectang"并按"Enter"键。

2．操作说明

命令：rectang✓ 　　　　　　　　　　　　　　　　　　　　　　　　　　　　　（执行命令）

指定第一个角点或 [倒角(C)/标高(E)/圆角(F)/厚度(T)/宽度(W)]: 　　　　　　　　　（指定矩形的一个角点）

指定另一个角点或 [面积(A)/尺寸(D)/旋转(R)]: 　　　　　　　　　　　　　　　（指定矩形的对角点）

(1) 倒角：用于设定倒角距离，绘制带倒角的矩形。

(2) 标高：用于设定矩形标高(Z 坐标)，即把矩形画在标高为 Z，与 XOY 坐标面平行的平面上。

(3) 圆角：用于设定圆角半径，绘制带圆角的矩形。

(4) 厚度：用于设定矩形的厚度。

(5) 宽度：用于设定所绘矩形的线型宽度。

3．应用举例

用"矩形"命令绘制如图 2.6 所示的图形。

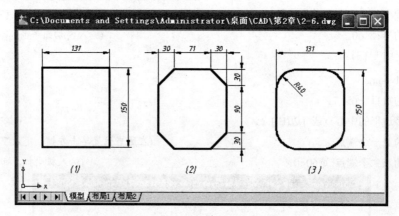

图 2.6　"矩形"命令练习图例

(1) 绘制图形(1)。

命令: rectang↙	(执行命令)
指定第一个角点或 [倒角(C)/标高(E)/圆角(F)/厚度(T)/宽度(W)]:	(定左下角点)
指定另一个角点或 [面积(A)/尺寸(D)/旋转(R)]: @131,150↙	(定右上角点)

(2) 绘制图形(2)。

命令: rectang↙	(执行命令)
指定第一个角点或 [倒角(C)/标高(E)/圆角(F)/厚度(T)/宽度(W)]: c↙	(输入选项"c")
指定矩形的第一个倒角距离 <0>: 30↙	(输入倒角距离)
指定矩形的第二个倒角距离 <30>:↙	(回车)
指定第一个角点或 [倒角(C)/标高(E)/圆角(F)/厚度(T)/宽度(W)]:	(定左下角点)
指定另一个角点或 [面积(A)/尺寸(D)/旋转(R)]: @131,150↙	(定右上角点)

(3) 绘制图形(3)。

命令: rectang↙	(执行命令)
当前矩形模式：　倒角=30 x 30	(信息行)
指定第一个角点或 [倒角(C)/标高(E)/圆角(F)/厚度(T)/宽度(W)]: f↙	(输入选项"f")
指定矩形的圆角半径 <30>: 40↙	(输入圆角半径)
指定第一个角点或 [倒角(C)/标高(E)/圆角(F)/厚度(T)/宽度(W)]:	(定左下角点)
指定另一个角点或 [面积(A)/尺寸(D)/旋转(R)]: @131,150↙	(定右上角点)

2.2.5　"圆弧"命令

"圆弧"命令用来绘制圆弧，它包含十多种方式。除第一种方式外，其他方式都是从起点到端点逆时针方向绘制圆弧。执行"圆弧"命令时，建议根据已知条件使用下拉菜单中的子菜单。下面介绍几种常用的方式。

1．"三点"方式绘制圆弧

该方式即使用圆弧线上的三个指定点绘制圆弧。

1）操作方法

单击下拉菜单"绘图"→"圆弧"→"三点"命令。

2）操作说明

命令：_arc 指定圆弧的起点或 [圆心(C)]:　　　　　　　　　　　　　　　(指定圆弧的起点)

指定圆弧的第二个点或 [圆心(C)/端点(E)]:　　　　　　　　　　　　　(指定圆弧线上的一个点)

指定圆弧的端点:　　　　　　　　　　　　　　　　　　　　　　　　(指定圆弧的终点)

3）应用举例

用"圆弧"命令中的"三点"方式绘制如图 2.7 所示的图形(1)。其中等边三角形用"直线"命令绘制完成，绘制时应设置"端点"捕捉模式。

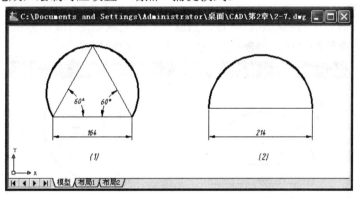

图 2.7　"圆弧"命令练习图例(1)

命令：_arc 指定圆弧的起点或 [圆心(C)]:　　　　　　　　　　　　　　(捕捉三角形的左端点)

指定圆弧的第二个点或[圆心(C)/端点(E)]:　　　　　　　　　　　　　(捕捉三角形的上端点)

指定圆弧的端点:　　　　　　　　　　　　　　　　　　　　　　　(捕捉三角形的右端点)

2．"起点、圆心、端点"方式绘制圆弧

该方式即使用圆弧的起点、圆心和端点绘制圆弧。

1）操作方法

单击下拉菜单"绘图"→"圆弧"→"起点、圆心、端点"命令。

2）操作说明

命令: _arc 指定圆弧的起点或 [圆心(C)]:　　　　　　　　　　　　　　　(指定圆弧的起点)

指定圆弧的第二个点或 [圆心(C)/端点(E)]: _c 指定圆弧的圆心:　　　　　(指定圆弧的圆心)

指定圆弧的端点或 [角度(A)/弦长(L)]:　　　　　　　　　　　　　　　(指定圆弧的终点)

3) 应用举例

用"圆弧"命令中的"起点、圆心、端点"方式绘制如图 2.7 所示的图形(2)。其中直线用"直线"命令绘制完成，应设置"端点"、"中点"捕捉模式。

命令: _arc 指定圆弧的起点或 [圆心(C)]:　　　　　　　　　　　　　　　　(捕捉直线的右端点)

指定圆弧的第二个点或 [圆心(C)/端点(E)]: _c 指定圆弧的圆心:　　　　　　　(捕捉直线的中点)

指定圆弧的端点或 [角度(A)/弦长(L)]:　　　　　　　　　　　　　　　　(捕捉直线的左端点)

3．"起点、端点、角度"方式绘制圆弧

该方式即使用圆弧的起点、端点和角度绘制圆弧。这里的角度指的是圆弧所包含的圆心角。

1) 操作方法

单击下拉菜单"绘图"→"圆弧"→"起点、端点、角度"命令。

2) 操作说明

命令: _arc 指定圆弧的起点或 [圆心(C)]:　　　　　　　　　　　　　　　(指定圆弧的起点)

指定圆弧的第二个点或 [圆心(C)/端点(E)]: _e

指定圆弧的端点:　　　　　　　　　　　　　　　　　　　　　　　　(指定圆弧的端点)

指定圆弧的圆心或 [角度(A)/方向(D)/半径(R)]: _a 指定包含角:　　　(输入圆弧包含的圆心角)

3) 应用举例

用"圆弧"命令中的"起点、端点、角度"方式绘制如图 2.8 所示的图形(1)。其中直线用"直线"命令绘制完成，绘制时应设置"端点"捕捉模式。

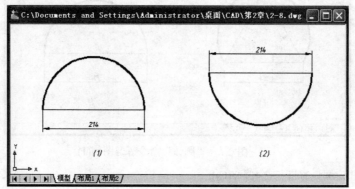

图 2.8 "圆弧"命令练习图例(2)

命令: _arc 指定圆弧的起点或 [圆心(C)]:　　　　　　　　　　　　　　　　(捕捉直线的右端点)

指定圆弧的第二个点或 [圆心(C)/端点(E)]: _e

指定圆弧的端点:　　　　　　　　　　　　　　　　　　　　　　　(捕捉直线的左端点)

指定圆弧的圆心或 [角度(A)/方向(D)/半径(R)]: _a 指定包含角: 180↙　　(输入圆心角，回车)

4．"圆心、起点、长度"方式绘制圆弧

该方式即使用圆弧的圆心、起点和长度绘制圆弧。这里的长度指的是圆弧所对应的弦长。

1) 操作方法

单击下拉菜单"绘图"→"圆弧"→"圆心、起点、长度"命令。

2) 操作说明

命令: _arc 指定圆弧的起点或 [圆心(C)]: _c 指定圆弧的圆心:　　　　　　(指定圆弧的圆心)

指定圆弧的起点:　　　　　　　　　　　　　　　　　　　　　　　　　(指定圆弧的起点)

指定圆弧的端点或 [角度(A)/弦长(L)]: _l 指定弦长:　　　　　　　(输入圆弧对应的弦长)

3) 应用举例

用"圆弧"命令中的"圆心、起点、长度"方式绘制如图 2.8 所示的图形(2)。其中直线用"直线"命令绘制完成，绘制时应设置"端点"捕捉模式。

命令: _arc 指定圆弧的起点或 [圆心(C)]: _c 指定圆弧的圆心:　　　　　　(捕捉直线的中点)

指定圆弧的起点:　　　　　　　　　　　　　　　　　　　　　　　　(捕捉直线的左端点)

指定圆弧的端点或 [角度(A)/弦长(L)]: _l 指定弦长: 214↙　　　　　　(输入弦长，回车)

2.2.6　"圆"命令

"圆"命令用来绘制圆，它包含多种方式。默认方法是用"圆心、半径"方式画圆。执行"圆弧"命令时，建议根据已知条件使用下拉菜单中的子菜单。下面介绍几种常用的方法。

1. "圆心、半径"方式绘制圆

1) 操作方法

(1) 单击下拉菜单"绘图"→"圆"→"圆心、半径"命令。

(2) 单击"绘图"工具栏上的"圆"按钮 ⊙ 。

(3) 在命令行输入"circle"并按"Enter"键。

2) 操作说明

命令：circle↙　　　　　　　　　　　　　　　　　　　　　　　　　　(执行命令)

指定圆的圆心或 [三点(3P)/两点(2P)/相切、相切、半径(T)]:　　　　　　(指定圆的圆心)

指定圆的半径或 [直径(D)]:　　　　　　　　　　　　　　　　　　　　(输入圆的半径)

3) 应用举例

用"圆"命令中的"圆心、半径"方式绘制如图 2.9 所示的图形(1)。其中矩形用"矩形"命令绘制完成，绘制时应设置"端点"捕捉模式。

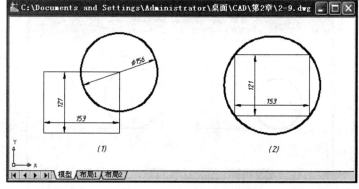

图 2.9　"圆"命令练习图例(1)

命令: _circle 指定圆的圆心或 [三点(3P)/两点(2P)/相切、相切、半径(T)]:   (捕捉右上端点)

指定圆的半径或 [直径(D)] <68>: 78✓   (输入半径，回车)

2. "三点"方式绘制圆

1) 操作方法

单击下拉菜单"绘图"→"圆"→"三点"命令。

2) 操作说明

命令: _circle 指定圆的圆心或 [三点(3P)/两点(2P)/相切、相切、半径(T)]: _3p 指定圆上的第一个点:

（指定圆上的第一个点）

指定圆上的第二个点: （指定圆上的第二个点）

指定圆上的第三个点: （指定圆上的第三个点）

3) 应用举例

用"圆"命令中的"三点"方式绘制图 2.9 所示的图形(2)。其中矩形用"矩形"命令绘制完成，绘制时应设置"端点"捕捉模式。

命令: _circle 指定圆的圆心或 [三点(3P)/两点(2P)/相切、相切、半径(T)]: _3p 指定圆上的第一个点:

（捕捉右下端点）

指定圆上的第二个点: （捕捉右上端点）

指定圆上的第三个点: （捕捉左上端点）

3. "相切、相切、半径"方式绘制圆

1) 操作方法

单击下拉菜单"绘图"→"圆"→"相切、相切、半径"命令。

2) 操作说明

命令: _circle 指定圆的圆心或 [三点(3P)/两点(2P)/相切、相切、半径(T)]: _ttr

指定对象与圆的第一个切点: （指定第一个切点位置）

指定对象与圆的第二个切点: （指定第二个切点位置）

指定圆的半径 <0>:   （输入圆的半径）

3) 应用举例

用"圆"命令中的"相切、相切、半径"方式绘制如图 2.10 所示的图形(1)。其中距形用"矩形"命令绘制完成。

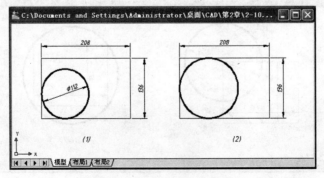

图 2.10   "圆"命令练习图例(2)

命令: _circle 指定圆的圆心或 [三点(3P)/两点(2P)/相切、相切、半径(T)]: _ttr

指定对象与圆的第一个切点:　　　　　　　　　　　　　　　　　　　　　　　　　(在左边线上点取)

指定对象与圆的第二个切点:　　　　　　　　　　　　　　　　　　　　　　　　　(在下边线上点取)

指定圆的半径 <50>: 56✓　　　　　　　　　　　　　　　　　　　　　　　　　(输入半径，回车)

4. "相切、相切、相切、"方式绘制圆

1) 操作方法

单击下拉菜单"绘图"→"圆"→"相切、相切、相切"命令。

2) 操作说明

命令: _circle 指定圆的圆心或 [三点(3P)/两点(2P)/相切、相切、半径(T)]:

　　_3p 指定圆上的第一个点: _tan 到　　　　　　　　　　　　　　　(指定第一个切点位置)

指定圆上的第二个点: _tan 到　　　　　　　　　　　　　　　　　　　(指定第二个切点位置)

指定圆上的第三个点: _tan 到　　　　　　　　　　　　　　　　　　　(指定第三个切点位置)

3) 应用举例

用"圆"命令中的"相切、相切、半径"方式绘制如图 2.10 所示的图形(2)。其中矩形用"矩形"命令绘制完成。

命令: _circle 指定圆的圆心或 [三点(3P)/两点(2P)/相切、相切、半径(T)]:

　　_3p 指定圆上的第一个点: _tan 到　　　　　　　　　　　　　　　　(在左边线上点取)

指定圆上的第二个点: _tan 到　　　　　　　　　　　　　　　　　　　　(在下边线上点取)

指定圆上的第三个点: _tan 到　　　　　　　　　　　　　　　　　　　　(在上边线上点取)

2.2.7 "样条曲线"命令

样条曲线是通过或接近通过一系列给定点的光滑曲线。"样条曲线"命令用来绘制一种称为非一致有理 B 样条(NURBS)曲线的特殊样条曲线。NURBS 曲线在控制点之间产生一条光滑的曲线。

1. 操作方法

(1) 单击"绘图"工具栏上的"样条曲线"按钮 ∿。

(2) 单击下拉菜单"绘图"→"样条曲线"命令。

(3) 在命令行输入"spline"并按"Enter"键。

2. 操作说明

命令：spline✓　　　　　　　　　　　　　　　　　　　　　　　　　　　　　(执行命令)

指定第一个点或 [对象(O)]:　　　　　　　　　　　　　　　　　　　　　(指定样条曲线起点)

指定下一点:　　　　　　　　　　　　　　　　　　　　　　　　　　　　(指定下一个点)

指定下一点或 [闭合(C)/拟合公差(F)] <起点切向>:　　　　　　　(指定下一个点，或输入选项)

(1) 指定下一个点：继续指定样条曲线上的后续点。

(2) 闭合：输入该选项，曲线回至起点，封闭样条曲线。

(3) 拟合公差：设置样条曲线与指定点之间所允许的最大偏移距离值。如果最大偏移距离设置为 0，则绘出的样条曲线都通过各输入点。

(4) 起点切向：设置样条曲线起点的切线角。单击回车键，执行该缺省项后，则命令行提示：

指定起点切向：　　　　　　　　　　　　　　　　　　　（指定样条曲线起点处的切线方向）

指定端点切向：　　　　　　　　　　　　　　　　　　　（指定样条曲线终点处的切线方向）

3. 应用举例

用"样条曲线"命令绘制如图 2.11 所示的图形。其中直线用"直线"命令绘制完成，应设置"端点"捕捉模式。

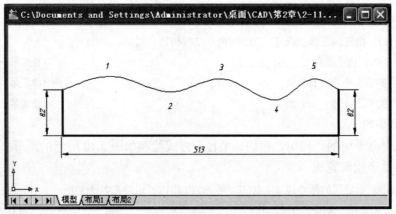

图 2.11　　"样条曲线"命令练习图例

命令: _spline

指定第一个点或 [对象(O)]:　　　　　　　　　　　　　　（捕捉左侧直线的上端点）

指定下一点:　　　　　　　　　　　　　　　　　　　　　（在 1 点位置附近点取）

指定下一点或 [闭合(C)/拟合公差(F)] <起点切向>:　　　　（在 2 点位置附近点取）

指定下一点或 [闭合(C)/拟合公差(F)] <起点切向>:　　　　（在 3 点位置附近点取）

指定下一点或 [闭合(C)/拟合公差(F)] <起点切向>:　　　　（在 4 点位置附近点取）

指定下一点或 [闭合(C)/拟合公差(F)] <起点切向>:　　　　（在 5 点位置附近点取）

指定下一点或 [闭合(C)/拟合公差(F)] <起点切向>:　　　　（捕捉右侧直线的上端点）

指定下一点或 [闭合(C)/拟合公差(F)] <起点切向>:✓　　　（回车，确认缺省项）

指定起点切向: ✓　　　　　　　　　　　　　　　　　　　（回车）

指定端点切向: ✓　　　　　　　　　　　　　　　　　　　（回车，结束命令）

2.2.8　"椭圆"命令

"椭圆"命令用来绘制椭圆或椭圆弧。椭圆大小由长轴和短轴长短决定。

1. "轴端点"方式绘制椭圆

1) 操作方法

(1) 单击"绘图"工具栏上的"椭圆"按钮 ⬭。

(2) 单击下拉菜单"绘图"→"椭圆"→"轴端点"命令。

(3) 在命令行输入"ellipse"并按"Enter"键。

2) 操作说明

命令：ellipse↙ (执行命令)

指定椭圆的轴端点或 [圆弧(A)/中心点(C)]: (指定椭圆轴的端点)

指定轴的另一个端点: (指定椭圆轴的另一个端点)

指定另一条半轴长度或 [旋转(R)]: (输入椭圆另一条半轴的长度)

(1) 圆弧：创建一段椭圆弧。 第一条轴的角度确定了椭圆弧的角度。第一条轴既可定义椭圆弧长轴也可定义椭圆弧短轴。

(2) 中心点：通过指定的中心点来创建椭圆。

(3) 旋转：通过绕第一条轴旋转圆来创建椭圆。

3) 应用举例

用"椭圆"命令的"轴端点"方式绘制如图 2.12 所示的图形(1)。其中直线用"直线"命令绘制完成，应设置"端点"捕捉模式。

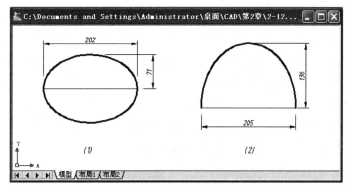

图 2.12 "椭圆"命令练习图例

命令: ellipse↙ (执行命令)

指定椭圆的轴端点或 [圆弧(A)/中心点(C)]: (捕捉直线的左端点)

指定轴的另一个端点: (捕捉直线的右端点)

指定另一条半轴长度或 [旋转(R)]:@71<90↙ (确定短轴的上端点)

2．"中心点"方式绘制椭圆

1) 操作方法

单击下拉菜单"绘图"→"椭圆"→"中心点"命令。

2) 操作说明

命令: _ellipse

指定椭圆的轴端点或 [圆弧(A)/中心点(C)]: _c

指定椭圆的中心点: (指定椭圆的中心点)

指定轴的端点: (指定椭圆轴的端点)

指定另一条半轴长度或 [旋转(R)]: (输入椭圆另一条半轴的长度)

3) 应用举例

用"椭圆"命令的"中心点"方式绘制如图 2.12 所示的图形(1)。其中直线用"直线"命令绘制完成，应设置"端点"和"中点"捕捉模式。

命令: _ellipse

指定椭圆的轴端点或 [圆弧(A)/中心点(C)]: _c

指定椭圆的中心点:　　　　　　　　　　　　　　　　　　　　　　(捕捉直线的中点)

指定轴的端点:　　　　　　　　　　　　　　　　　　　　　　　(捕捉直线的左端点)

指定另一条半轴长度或 [旋转(R)]: @71<90✓　　　　　　　　　(确定另一轴的上端点)

3. "圆弧"方式绘制椭圆弧

1) 操作方法

单击下拉菜单"绘图"→"椭圆"→"圆弧"命令。

2) 操作说明

命令: _ellipse

指定椭圆的轴端点或 [圆弧(A)/中心点(C)]: _a

指定椭圆弧的轴端点或 [中心点(C)]:　　　　　　　　　　　　(指定椭圆的中心点)

指定轴的另一个端点:　　　　　　　　　　　　　　　　　　　(指定椭圆轴的端点)

指定另一条半轴长度或 [旋转(R)]:　　　　　　　　　(输入椭圆另一条半轴的长度)

指定起始角度或 [参数(P)]:　　　　　　　　　　　　　(输入椭圆弧的起始角度)

指定终止角度或 [参数(P)/包含角度(I)]:　　　　　　　(输入椭圆弧的终止角度)

3) 应用举例

用"椭圆"命令的"圆弧"方式绘制如图 2.12 所示的图形(2)。其中直线用"直线"命令绘制完成,应设置"端点"和"中点"捕捉模式。

命令: _ellipse

指定椭圆的轴端点或 [圆弧(A)/中心点(C)]: _a

指定椭圆弧的轴端点或 [中心点(C)]:　　　　　　　　　　　(捕捉直线的中点)

指定轴的另一个端点:　　　　　　　　　　　　　　　　　　(捕捉直线的左端点)

指定另一条半轴长度或 [旋转(R)]: @136<90✓　　　　　　(确定另一轴的上端点)

指定起始角度或 [参数(P)]: -90✓　　　　　　　　　　(输入椭圆弧的起始角度)

指定终止角度或 [参数(P)/包含角度(I)]: 90✓　　　　　(输入椭圆弧的终止角度)

2.2.9 "圆环"命令

"圆环"命令用来绘制圆环或者圆面图形。当然也可以画圆。

1. 操作方法

(1) 单击下拉菜单"绘图"→"圆环"命令。

(2) 在命令行输入"donut"并按"Enter"键。

2. 操作说明

命令: donut✓　　　　　　　　　　　　　　　　　　　　　　　(执行命令)

指定圆环的内径 <100>:　　　　　　　　　　　　　　　　　(指定圆环的内径)

指定圆环的外径 <100>:　　　　　　　　　　　　　　　　　(指定圆环的外径)

指定圆环的中心点或 <退出>:　　　　　　　　　　　　　　(指定圆环的中心点)

退出。回车，退出命令。

3．应用举例

用"圆环"命令绘制如图 2.13 所示的图形(1)和(2)。其中圆和直线分别用"圆"命令和"直线"命令绘制完成，应设置"象限点"和"端点"捕捉模式。

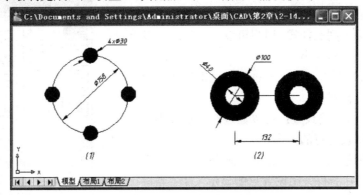

图 2.13　"圆环"命令练习图例

1) 绘制图形(1)

命令: donut↙	(执行命令)
指定圆环的内径 <100>: 0↙	(输入内径)
指定圆环的外径 <100>: 30↙	(输入外径)
指定圆环的中心点或 <退出>:	(捕捉圆的上象限点)
指定圆环的中心点或 <退出>:	(捕捉圆的左象限点)
指定圆环的中心点或 <退出>:	(捕捉圆的下象限点)
指定圆环的中心点或 <退出>:	(捕捉圆的右象限点)
指定圆环的中心点或 <退出>:	(回车，结束命令)

2) 绘制图形(2)

命令: donut↙	(执行命令)
指定圆环的内径 <0>: 40	(输入内径)
指定圆环的外径 <30>: 100	(输入外径)
指定圆环的中心点或 <退出>:	(捕捉直线的左端点)
指定圆环的中心点或 <退出>:	(捕捉直线的右端点)
指定圆环的中心点或 <退出>:	(回车，结束命令)

2.2.10　点的绘制

"点"命令用来绘制点对象。点可以作为对象捕捉的节点，可以相对于屏幕或使用绝对单位设置点的样式和大小。

1．点样式和大小的设置

1) 操作方法

(1) 单击下拉菜单"格式"→"点样式"命令。

(2) 在命令行输入"ddptype"并按"Enter"键。

2) 操作说明

命令：ddptype↙　　　　　　　　　　　　　　　　　　　　　　　　　　　　(执行命令)

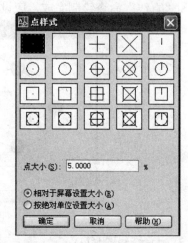

系统弹出"点样式"对话框，如图 2.14 所示。对话框列出了各种点样式，并显示当前点样式的大小。默认点样式为第一行第一列的样式。用户可以在对话框中设置点样式，并设置点显示大小。

(1) 点样式的选择：可以通过单击左键选择点样式图标来重新设定点样式。

(2) 点显示大小的设置：可以通过在"点大小"文本框输入数值重新设定点的大小。

(3) 单选钮选择：选定"相对于屏幕设置大小"单选钮，则按屏幕尺寸的百分比设置点的显示大小。当进行缩放时，点的显示大小并不改变。选定"按绝对单位设置大小"单选钮，则按"点大小"下指定的实际单位设置点显示的大小。进行缩放时，显示的点大小随之改变。

图 2.14　"点样式"对话框

2. 绘制点

与绘制点相关的操作方式有多种，下面介绍常用的三种。

1) "多点"方式绘制点

(1) 操作方法。

① 单击"绘图"工具栏上的"点"按钮 ▪ 。

② 单击下拉菜单"绘图"→"点"→"多点"命令。

(2) 操作说明。

命令: _point

当前点模式：　PDMODE=35　　PDSIZE=0　　　　　　　　　　　　　　　(信息行)

指定点：　　　　　　　　　　　　　　　　　　　　　　　　　　　　　(指定点位置)

(3) 应用举例。

用"点"命令的"多点"方式绘制如图 2.15 所示的图形(1)。其中圆用"圆"命令绘制完成，并设置"象限点"捕捉模式；点样式为第四行第四列的样式，大小等按默认设置。

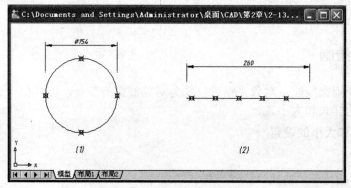

图 2.15　"点"命令练习图例

命令: _point

当前点模式: PDMODE=99 PDSIZE=0

指定点: (捕捉圆的上象限点)

命令: _point

当前点模式: PDMODE=99 PDSIZE=0

指定点: (捕捉圆的右象限点)

命令: _point

当前点模式: PDMODE=99 PDSIZE=0

指定点: (捕捉圆的下象限点)

命令: _point

当前点模式: PDMODE=99 PDSIZE=0

指定点: (捕捉圆的左象限点)

命令: _point

当前点模式: PDMODE=99 PDSIZE=0

指定点: *取消* (按"Esc"键，结束命令)

2) "定数等分"方式绘制点

(1) 操作方法。

单击下拉菜单"绘图"→"点"→"定数等分"命令。

(2) 操作说明。

命令: _divide

选择要定数等分的对象: (选择要定数等分的对象)

输入线段数目或 [块(B)]: (输入等分的数目)

(3) 应用举例。

用"点"命令的"定数等分"方式绘制如图 2.15 所示的图形(1)。其中圆用"圆"命令绘制完成，点样式为第四行第四列的样式，大小等按默认设置。

命令: _divide

选择要定数等分的对象: (点选圆)

输入线段数目或 [块(B)]: 4↙ (输入等分的数目，回车)

3) "定距等分"绘制点

(1) 操作方法。

单击下拉菜单"绘图"→"点"→"定距等分"命令。

(2) 操作说明。

定距等分从线段的右侧开始，若整条线段的长度不是等分长度的整数倍，则最左端分点以左的线段短小。

命令: _measure

选择要定距等分的对象: (选择要定距等分的对象)

指定线段长度或 [块(B)]: (输入等分线段的长度)

(3) 应用举例。

用"点"命令的"定距等分"方式绘制如图 2.15 所示的图形(2)。其中直线用"直线"命令绘制完成，点样式为第四行第四列的样式，大小等按默认设置。

命令: _measure

选择要定距等分的对象: (点选直线)

指定线段长度或 [块(B)]: 50↙   (输入等分线段的长度，回车)

2.2.11 多线的绘制

多线由 1～16 条平行线组成，这些平行线称为元素。绘制多线时，可以使用包含两个元素的系统默认样式 Standard，也可以指定一个以前创建的样式。

1. 多线样式的设置

通过设置多线样式，可以控制多线中元素的数量及其特性。当然，如使用的多线样式和基础样式仅仅是元素间距离的不同，可以不用设置新样式，只需使用"多线"命令改变比例即可。

1) 操作方法

(1) 单击下拉菜单"格式"→"多线样式"命令。

(2) 在命令行输入"mlstyle"并按"Enter"键。

2) 操作说明

命令：mlstyle↙   (执行命令)

系统弹出"多线样式"对话框，如图 2.16 所示。

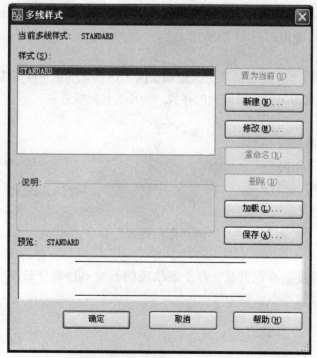

图 2.16 "多线样式"对话框

（1）在"多线样式"对话框中，单击"新建"按钮，打开"创建新的多线样式"对话框，如图 2.17 所示。

图 2.17　"创建新的多线样式"对话框

（2）在"创建新的多线样式"对话框的"新样式名"文本框中输入新的样式名。单击"继续"按钮，打开"新建多线样式"对话框，如图 2.18 所示。

图 2.18　"新建多线样式"对话框

（3）在"新建多线样式"对话框中，选择多线样式的特性，也可以在"说明"文本框中输入说明。说明是可选的，最多可以输入 255 个字符，包括空格。然后单击"确定"按钮，返回"多线样式"对话框。

在"多线样式"对话框中，单击"保存"按钮将多线样式保存到文件(默认文件为 acad.mln)，也可以将多个多线样式保存到同一个文件中。然后单击"确定"按钮，完成多线样式的设置。

如果要创建多个多线样式，请在创建新样式之前保存当前样式，否则，将丢失对当前样式所做的修改。

其中："新建多线样式"对话框，有以下几项设置：

① 封口：控制多线起点和端点的封口。

② 图元：设置新的和现有的多线元素的元素特性，例如偏移、颜色和线型。

③ 填充：设置多线的背景填充颜色。

④ 显示连接：控制每条多线线段顶点处连接的显示。

2. 多线的绘制

执行"多线"命令之前，首先要设置多线样式，其次要根据需要修改多线的"对正"、"比例"和"样式"选项。

多线的"对正"选项，确定绘制多线的基准线。多线的"比例"选项，用来控制多线的全局宽度(多线比例不影响线型比例)。多线的"样式"选项，用来控制当前使用的多线样式。

1) 操作方法

(1) 单击下拉菜单"绘图"→"多线"命令。

(2) 在命令行输入"mline"并按"Enter"键。

2) 操作说明

命令: mline↙　　　　　　　　　　　　　　　　　　　　　　　(执行命令)

当前设置: 对正 = 上，比例 = 20.00，样式 = STANDARD

指定起点或 [对正(J)/比例(S)/样式(ST)]:

(1) 指定起点：指定了起点，系统将该点作为多线的起点，并在命令行继续提示：

指定下一点:

(2) 对正：设置绘制多线的对齐方式。选择该项，则命令行提示：

输入对正类型 [上(T)/无(Z)/下(B)] <上>:

其中：

① 上(T)：从左向右绘制多线时，多线最上面的元素与光标对齐；从右向左绘制多线时，多线最下面的元素与光标对齐。

② 无(Z)：绘制多线时，多线中间的元素与光标对齐。

③ 下(B)：从左向右绘制多线时，多线最下面的元素与光标对齐；从右向左绘制多线时，多线最上面的元素与光标对齐。

(3) 比例：设置多线的比例因子，控制多线的宽度和多线各元素之间的距离。选择该项，则命令行提示：

输入多线比例 <20.00>:　　　　　　　　　　　　　　　　　(输入多线比例)

(4) 样式：设置绘制多线时所用的线型样式，缺省的样式为"Standard"。选择该项，则命令行提示：

输入多线样式名或[?]:　　　　　　　　　　　　　　(输入需要的多线样式名称)

如果输入已有的多线样式名，则 AutoCAD 以该样式绘制多线；如果输入"？"，则列表显示已有的多线样式。

3) 应用举例

用"多线"命令绘制如图 2.19 所示的图形(1)、(2)、(3)。其中点画线用"直线"命令绘制完成，应设置"端点"捕捉模式；多线样式为默认样式。

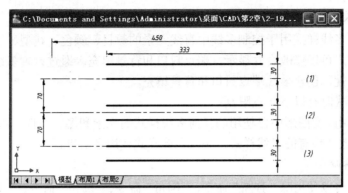

图 2.19　"多线"命令练习图例

(1) 绘制图形(1)。

命令: mline✓ （执行命令）

当前设置: 对正 = 上，比例 = 20.00，样式 = STANDARD （当前设置提示）

指定起点或 [对正(J)/比例(S)/样式(ST)]:　s✓ （输入选项 "s"）

输入多线比例 <20.00>:　30✓ （输入多线比例）

当前设置: 对正 = 上，比例 = 30.00，样式 = STANDARD （当前设置提示）

指定起点或 [对正(J)/比例(S)/样式(ST)]: （捕捉点画线的右端点，定多线的右端点）

指定下一点:　@333<180✓ （输入相对极坐标，定多线的左端点）

指定下一点或 [放弃(U)]:　✓ （回车，结束命令）

(2) 绘制图形(2)。

命令: mline✓ （执行命令）

当前设置: 对正 = 上，比例 = 30.00，样式 = STANDARD （当前设置提示）

指定起点或 [对正(J)/比例(S)/样式(ST)]:　j✓ （输入选项 "j"）

输入对正类型 [上(T)/无(Z)/下(B)] <上>:　z✓ （输入选项 "z"）

当前设置: 对正 = 无，比例 = 30.00，样式 = STANDARD （当前设置提示）

指定起点或 [对正(J)/比例(S)/样式(ST)]: （捕捉点画线的右端点，定多线的右端点）

指定下一点:　@333<180✓ （输入相对极坐标，定多线的左端点）

指定下一点或 [放弃(U)]:　✓ （回车，结束命令）

(3) 绘制图形(3)。

命令: mline✓ （执行命令）

当前设置: 对正 = 无，比例 = 30.00，样式 = STANDARD （当前设置提示）

指定起点或 [对正(J)/比例(S)/样式(ST)]:　j✓ （输入选项 "j"）

输入对正类型 [上(T)/无(Z)/下(B)] <无>:　b✓ （输入选项 "b"）

当前设置: 对正 = 下，比例 = 30.00，样式 = STANDARD （当前设置提示）

指定起点或 [对正(J)/比例(S)/样式(ST)]: （捕捉点画线的右端点，定多线的右端点）

指定下一点:　@333<180✓ （输入相对极坐标，定多线的左端点）

指定下一点或 [放弃(U)]:　✓ （回车，结束命令）

3. 多线的编辑

要编辑多线及其元素，可以通过多线样式设置、通用编辑命令和多线编辑命令来实现。

1) 多线样式设置

如前所述，多线样式用于控制多线中直线元素的数目、颜色、线型、线宽以及每个元素的偏移量，用户可以修改合并显示、端点封口和背景填充。通过设置多线样式，可以修改多线元素的特性，创建多线端点封口和背景填充。

设置多线样式时有以下几点限制：

(1) 不能编辑改变图形中已使用的任何多线样式的元素和多线特性。

(2) 要编辑改变现有的多线样式，必须在此样式使用之前进行。

2) 通用编辑命令

编辑多线时可以使用除"打断"命令、"倒角"命令、"圆角"命令、"拉长"命令、"偏移"命令之外的大多数通用编辑命令。

要使用通用编辑命令编辑多线，一般应使用"分解"命令，将多线对象分解为独立的直线对象。

3) 多线编辑命令

多线编辑命令中可用的特殊多线编辑功能有：控制角点结合的可见性、添加或删除顶点、控制与其他多线的相交样式、打开或闭合多线对象中的间隔等。

(1) 操作方法。

① 单击下拉菜单"修改"→"对象"→"多线"命令。

② 在命令行输入"mledit"并按回车键。

(2) 操作说明。

① 单击下拉菜单"修改"→"对象"→"多线"命令，打开"多线编辑工具"对话框，如图 2.20 所示。

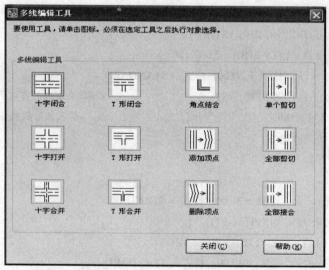

图 2.20   "多线编辑工具"对话框

② 在"多线编辑工具"对话框中，点击选择需要的多线编辑工具，返回绘图区。

③ 在绘图区，按照提示选择编辑对象，完成编辑。

(3) "多线编辑工具"对话框。

"多线编辑工具"对话框用于编辑多线对象。该对话框显示多线编辑工具，并以四行四列显示样例图像。第一列控制交叉的多线，第二列控制 T 形相交的多线，第三列控制角点结合和顶点，第四列控制多线中的打断。

① 十字闭合：在两条多线之间创建闭合的十字交点。

② 十字打开：在两条多线之间创建打开的十字交点。打断将插入第一条多线的所有元素和第二条多线的外部元素。

③ 十字合并：在两条多线之间创建合并的十字交点。选择多线时先后次序没有要求。

④ T 形闭合：在两条多线之间创建闭合的 T 形交点。将第一条多线修剪或延伸到与第二条多线的交点处。

⑤ T 形打开：在两条多线之间创建打开的 T 形交点。将第一条多线修剪或延伸到与第二条多线的交点处。选择多线时，应先选择 T 形的竖画，后选择横画。

⑥ T 形合并：在两条多线之间创建合并的 T 形交点。将多线修剪或延伸到与另一条多线的交点处。

⑦ 角点结合：在多线之间创建角点结合。将多线修剪或延伸到它们的交点处。

⑧ 添加顶点：向多线上添加一个顶点。

⑨ 删除顶点：从多线上删除一个顶点。

⑩ 单个剪切：在选定多线元素中创建可见打断。

(4) 应用举例。

用多线编辑命令将图 2.21 所示的图形(1)编辑为图 2.21 所示的图形(2)。其中多线用"多线"命令绘制完成，多线样式为默认样式。

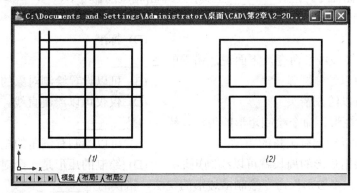

图 2.21　多线编辑命令练习图例

① 左上角角点结合的编辑。

命令: mledit↙　　　　　　　　　　　　　(在"多线编辑工具"对话框中，点击"角点结合")

选择第一条多线:　　　　　　　　　　　　　　　　　　　　　　(点选左侧竖线上端)

选择第二条多线:　　　　　　　　　　　　　　　　　　　　　　(点选上侧横线左端)

选择第一条多线　或　[放弃(U)]:　　　　　　　　　　　　　　　(回车，结束命令)

② 左右上下四个 T 型打开的编辑。

命令: ↙　　　　　　　　　　　　　　　　　　　　　　(回车，再次执行命令)

编辑多线　　　　　　　　　　(在"多线编辑工具"对话框中，点击"T 形打开")

选择第一条多线:　　　　　　　　　　　　　　　　　　　　　(点选中间竖线上端)

选择第二条多线:　　　　　　　　　　　　　　　　　　　　　　(点选上侧横线)

选择第一条多线 或 [放弃(U)]:	(点选中间竖线下端)
选择第二条多线:	(点选下侧横线)
选择第一条多线 或 [放弃(U)]:	(点选中间横线左端)
选择第二条多线:	(点选左侧横线)
选择第一条多线 或 [放弃(U)]:	(点选中间横线右端)
选择第二条多线:	(点选右侧横线)
选择第一条多线 或 [放弃(U)]:	(回车，结束命令)

③ 中间十字打开的编辑。

命令: ↙	(回车，再次执行命令)
编辑多线	(在"多线编辑工具"对话框中，点击"十字打开")
选择第一条多线:	(点选中间竖线)
选择第二条多线:	(点选中间横线)
选择第一条多线 或 [放弃(U)]:	(回车，结束命令)

2.3　课后练习

1．单选题

(1) 执行绘图命令，应在＿＿＿＿工具栏上单击相应的命令。

    (A) 标注　　　　　　　　　　　　(B) 绘图

    (C) 修改　　　　　　　　　　　　(D) 标准

(2) 执行"多段线"命令，下面说法错误的是＿＿＿＿。

    (A) 可以绘制圆弧　　　　　　　　(B) 可以设置绘制对象的宽度

    (C) 可以绘制箭头　　　　　　　　(D) 仅仅可以绘制直线

(3) 关于"矩形"命令绘制矩形的说法，错误的是＿＿＿＿。

    (A) 可以绘制有圆角的矩形　　　　(B) 可以绘制有倒角的矩形

    (C) 根据矩形的周长就可以绘制矩形　(D) 绘制的矩形是一个对象

(4) 关于"正多边形"命令绘制多边形的说法，错误的是＿＿＿＿。

    (A) 可以绘制圆的内接正六边形　　(B) 可以绘制圆的外切正六边形

    (C) 可以绘制任意正多边形　　　　(D) 可以绘制等腰直角三角形

(5) 应用"相切、相切、相切"方式画圆时＿＿＿＿。

    (A) 不需要指定圆心和半径　　　　(B) 不需要指定圆心，但要输入圆的半径

    (C) 需要指定圆心　　　　　　　　(D) 相切的对象必须是直线

(6) 在圆弧子菜单中，绘制圆弧的方法有＿＿＿＿种。

    (A) 8　　　　　(B) 9　　　　　(C) 10　　　　　(D) 11

2．思考题

(1) "直线"命令、"多段线"命令、"多线"命令绘制的对象有什么不同？

(2) 点的样式和大小如何设置？多线样式如何设置？

(3) 如何用多线编辑命令编辑多线？

3．绘图题

(1) 根据所注尺寸，绘制如图 2.22 上机练习(1)所示的图形。

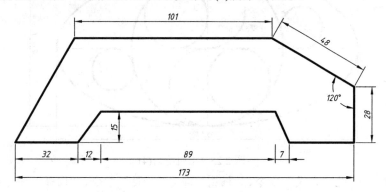

图 2.22　上机练习(1)

● 绘图提示：用"直线"命令绘制，绘制时需输入相对直角坐标和相对极坐标。

(2) 根据所注尺寸，绘制如图 2.23 上机练习(2)所示的图形。其中：图中细实线为默认线宽，粗实线是使用多段线的宽度项设置相应的尺寸得到的宽度。

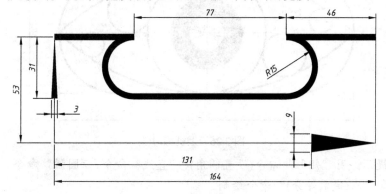

图 2.23　上机练习(2)

● 绘图提示：用"多段线"命令绘制，绘制时根据需要应设置宽度。

(3) 根据所注尺寸，绘制如图 2.24 上机练习(3)所示的图形。

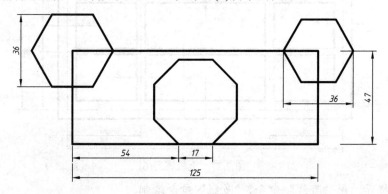

图 2.24　上机练习(3)

● 绘图提示：用"矩形"命令、"正多边形"命令绘制。

(4) 根据所注尺寸，绘制如图 2.25 上机练习(4)所示的图形。

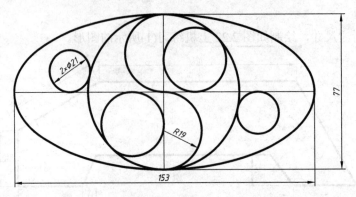

图 2.25　上机练习(4)

● 绘图提示：用"直线"命令、"椭圆"命令、"圆"命令、"圆弧"命令绘制。

(5) 根据所注尺寸，绘制如图 2.26 上机练习(5)所示的图形。其中"O"型环上的 10 个点的样式为"点样式"对话框中第四行第四列对应的点样式。

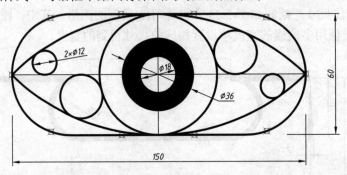

图 2.26　上机练习(5)

● 绘图提示：用"矩形"命令(设置圆角)、"直线"命令、"圆弧"命令、"圆"命令、"圆环"命令"点(定数等分)"命令绘制。

(6) 根据所注尺寸，绘制如图 2.27 上机练习(6)所示的图形。

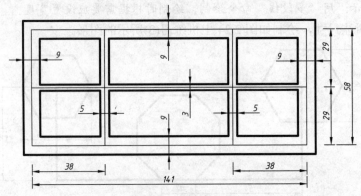

图 2.27　上机练习(6)

● 绘图提示：用"直线"命令、"多线"命令绘制。

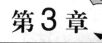

绘图环境设置

☞本章介绍了与绘图环境设置相关的知识，主要内容包括：绘图区背景颜色和自动捕捉标记颜色的设置、绘图单位和图形界限的设置、线型和线宽的设置、图层的设置、绘图辅助工具的设置等。

3.1 绘图区背景颜色和自动捕捉标记颜色的设置

一般情况下，安装完 AutoCAD 2007 后就可以在其默认状态下开始绘制图形。但是，为了方便绘图，用户需要在绘制图形前，对部分系统参数进行必要的设置。

3.1.1 绘图区背景颜色的设置

一般情况下，AutoCAD 2007 默认状态下绘图区背景颜色为黑色，有时需要更换成白色背景。

1. 操作方法

(1) 单击下拉菜单"工具"→"选项"命令。

(2) 在命令行输入"options"并按"Enter"键。

2. 操作说明

(1) 单击下拉菜单"工具"→"选项"命令，打开"选项"对话框，如图 3.1 所示。

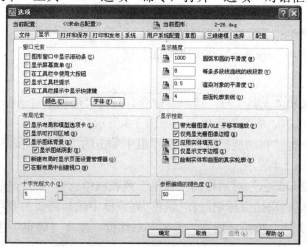

图 3.1 "选项"对话框

(2) 在"选项"对话框中打开"显示"选项卡，然后单击对话框"窗口元素"选项组中的"颜色"按钮，打开"图形窗口颜色"对话框，如图 3.2 所示。

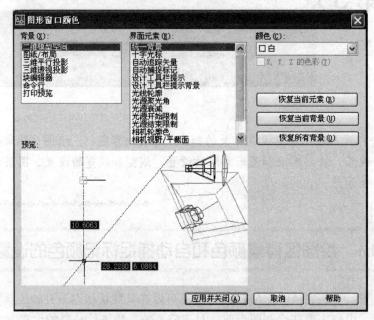

图 3.2 "图形窗口颜色"对话框(设置绘图区背景颜色)

(3) 在"图形窗口颜色"对话框的"背景"列表框中选择"二维模型空间"，在"界面元素"列表框中选择"统一背景"，在"颜色"列表框中选择"白"，然后单击"应用并关闭"按钮，返回"选项"对话框；单击"确定"按钮，完成绘图区背景颜色设置。

3.1.2 自动捕捉标记颜色的设置

当绘图区背景颜色改变时，自动捕捉标记的颜色也要随之改变，使其与背景颜色对照鲜明、醒目。

1．操作方法

(1) 单击下拉菜单"工具"→"选项"命令。

(2) 在命令行输入"options"并按"Enter"键。

2．操作说明

(1) 单击下拉菜单"工具"→"选项"命令，打开"选项"对话框，如图 3.1 所示；在"选项"对话框中单击"草图"选项卡，如图 3.3 所示。

(2) 然后在对话框"自动捕捉设置"选项组中单击的"颜色"按钮，打开"图形窗口颜色"对话框，如图 3.4 所示。

(3) 在"图形窗口颜色"对话框的"背景"列表框中选择"二维模型空间"，在"界面元素"列表框中选择"自动捕捉标记"，在"颜色"列表框中选择需要的颜色，本例选择"红"；然后单击"应用并关闭"按钮，返回"选项"对话框。单击"确定"按钮，完成自动捕捉标记颜色设置。

3. 自动捕捉标记大小的设置

在图3.3 "选项"对话框的"草图"选项卡中，移动"自动捕捉标记大小"选项组中的滑块，可改变自动捕捉标记的大小：滑块向左移动，自动捕捉标记变小；向右移动，自动捕捉标记变大。

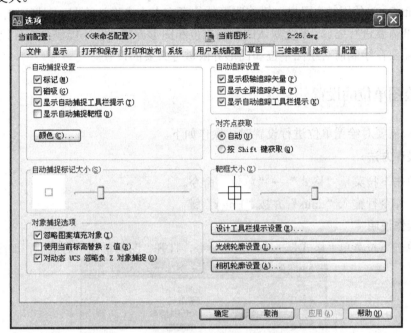

图 3.3　"选项"对话框的"草图"选项卡

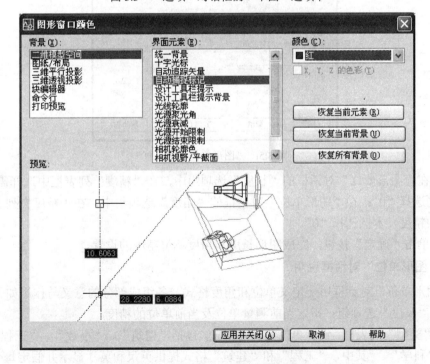

图 3.4　"图形窗口颜色"对话框(设置自动捕捉标记颜色)

3.2　绘图单位和图形界限的设置

在 AutoCAD 使用时，用户一般按照形体的真实大小来设计绘图；在打印出图时，再将图形按图纸需要进行缩放。系统默认的绘图单位和图形界限往往不能满足实际绘图的需要，因此用户需要在绘制前对绘图单位和图形界限进行必要的设置。

3.2.1　绘图单位的设置

当用户需要对绘图单位进行设置时，操作如下。

1. 操作方法

(1) 单击下拉菜单"格式"→"单位"命令。

(2) 在命令行输入"units"并按"Enter"键。

2. 操作说明

(1) 单击下拉菜单"格式"→"单位"命令，打开"图形单位"对话框，如图 3.5 所示。

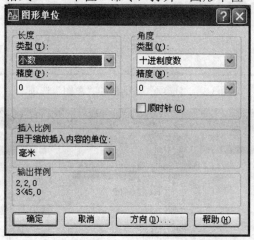

图 3.5　"图形单位"对话框

(2) 在"图形单位"对话框的"长度"选项组中，在"精度"列表框中选择需要的精度，本例选择"0"；在"图形单位"对话框的"角度"选项组中，在"精度"列表框中选择需要的精度，本例选择"0"。

(3) 单击"确定"按钮，完成图形长度和角度单位精度的设置。

3. "图形单位"对话框说明

"图形单位"对话框用于定义单位和角度格式，各组成部分的意义与作用如下。

(1) "长度"选项组：指定当前测量单位及当前单位的精度。

① "类型"列表框：设置单位的当前格式。包括"建筑"、"小数"、"工程"、"分数"和"科学"。其中，"工程"和"建筑"格式提供英尺和英寸显示并假定每个图形单

位表示一英寸。其他格式表示任何真实单位。

②“精度”列表框：设置线性测量值显示的小数位数(公制单位)或分数大小(英制单位)，即显示的精度。

(2)“角度”选项组：指定当前角度格式和当前角度显示的精度。

①“类型”列表框：设置当前角度格式。

②“精度”列表框：设置当前角度显示的精度。

③“顺时针”复选框：以顺时针方向计算正的角度值。默认的正角度方向是逆时针方向。

(3)“插入比例”选项组：控制插入到当前图形中的块和图形的测量单位。如果块或图形创建时使用的单位与该选项指定的单位不同，则在插入这些块或图形时，将对其按比例缩放。插入比例是源块或图形使用的单位与目标图形使用的单位之比。如果插入块时不按指定单位缩放，请选择“无单位”。

(4)“输出样例”选项组：显示用当前单位和角度设置的例子。

(5)“方向”按钮：显示“方向控制”对话框。

3.2.2　图形界限的设置

在 AutoCAD 2007 中，当用户需要对图形界限进行设置时，操作如下。

1. 操作方法

(1) 单击下拉菜单“格式”→“图形界限”命令。

(2) 在命令行输入“limits”并按“Enter”键。

2. 操作说明

命令：limits✓　　　　　　　　　　　　　　　　　　　　　(执行命令)

重新设置模型空间界限：　　　　　　　　　　　　　　　　　(信息行)

指定左下角点或 [开(ON)/关(OFF)] <0,0>:　　　　　(指定图形界限的左下角点)

指定右上角点 <420,297>:　　　　　(指定图形界限的右上角点，或回车结束命令)

(1) 左下角点：指定栅格界限的左下角点。一般情况下，左下角点不改变，就设置为(0,0)。

(2) 右上角点：指定栅格界限的右上角点。右上角点根据图形绘制需要设置，一般为默认值的整数倍。

(3) 开：打开界限检查。当界限检查打开时，将无法输入栅格界线外的点。

(4) 关：关闭界限检查，但是保持当前值用于下一次打开界限检查。系统默认状态为“关”。

(5) 重新设置模型空间界限后，必须执行“ZOOM”命令的可选项“全部(A)”，设置才起作用。

3. 应用举例

用“图形界限”命令将当前图形界限设置为长 42000 mm，宽 30000 mm 大小。

命令：limits✓　　　　　　　　　　　　　　　　　　　　　(执行命令)

重新设置模型空间界限：

指定左下角点或 [开(ON)/关(OFF)] <0,0>:↙　　　　　　　　　　　(回车，确认缺省项)

指定右上角点 <420,297>:42000,30000 ↙　　　　　　　　　(指定右上角点的位置)

命令:zoom↙　　　　　　　　　　　　　　　　　　　　　　　(执行命令)

指定窗口的角点，输入比例因子 (nX 或 nXP)，或者[全部(A)/中心(C)/动态(D)/

范围(E)/上一个(P)/比例(S)/窗口(W)/对象(O)] <实时>: a↙　　　(输入选项 "a"，回车结束命令)

3.3　线型和线宽的设置

3.3.1　线型设置

　　线型是由沿图线显示的线、点和间隔组成的图样。可以通过图层指定对象的线型，也可以不依赖图层而指定线型。在工程绘图中，线型的区分十分重要，不同的线型代表不同的含义。

1．当前线型的设置

　　所有对象都是使用当前线型创建的。对象使用的当前线型在"特性"工具栏的"线型控制"列表框中设置。

　　"特性"工具栏的"线型控制"列表如图 3.6 所示。

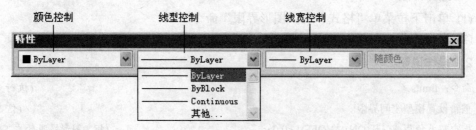

图 3.6　"线型控制"列表

　　如果当前线型设置为"ByLayer"，则使用当前图层设定的线型来创建对象。如果当前线型设置为"ByBlock"，则使用"Continuous"线型来创建对象，直到将这些对象编组为块。将块插入到图形中时，这些对象采用当前线型设置。

　　如果当前线型不需要是当前图层的线型，可明确指定其他线型，使其置为当前线型。

2．线型的加载

　　当"线型控制"列表中没有所需线型时，应加载线型，以便使用。

　　加载线型操作如下：

　　(1) 单击"特性"工具栏"线型控制"列表中的"其他"，打开"线型管理器"对话框，如图 3.7 所示。

　　(2) 在"线型管理器"对话框中，单击"加载"按钮，打开"加载或重载线型"对话框，如图 3.8 所示。

　　(3) 在"加载或重载线型"对话框中，选择需要的线型，单击"确定"按钮退出"加

载或重载线型"对话框，返回"线型管理器"对话框。这时"线型管理器"对话框中会增
加所选定的线型。

图 3.7 "线型管理器"对话框

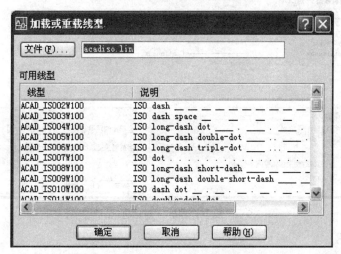

图 3.8 "加载或重载线型"对话框

(4) 在"线型管理器"对话框中，选择已加载的需要线型，单击"当前"按钮将加载
的线型置为当前；然后单击"确定"按钮，完成设置。

3. 常用线型类型的选用

AutoCAD 2007 提供了标准线型库，相应的库文件名为 acadiso.lin，其中包括 59 种线
型。按现行的制图标准绘制工程图样时，常用的线型组合如下：

(1) 组合一：实线型号为"Continuous"；虚线型号为"HIDDEN2"；点画线型号为
"CENTER2"；双点画线型号为"PHANTOM2"。适用于默认的"420,297"幅面大小。

(2) 组合二：实线型号为"Continuous"；虚线型号为"JIS_02_4.0"；点画线型号

为"JIS_08_15";双点画线型号为"JIS_09_15"。适用于"297,210"幅面大小。在默认的"420,297"幅面大小下,线型的"全局比例因子"应设置为"2"。

4. 线型比例的设置

通过全局修改或单个修改每个对象的线型比例因子,可以以不同的比例使用同一个线型。

默认情况下,线型的"全局比例因子"和"当前对象比例因子"均为 1,这时的线型适合在默认的用户界面大小下绘制图形。如用户界面重新设定,默认比例相对与新的用户界面过大或过小,绘图时都不能正确显示线型图案,这时需要设置线型比例。

1) 操作方法

(1) 在"线型管理器"对话框中,单击"显示细节"按钮,"线型管理器"对话框变成如图 3.9 所示。

(2) 在"全局比例因子"文本框中,输入合适的比例值;单击"确定"按钮,完成设置。

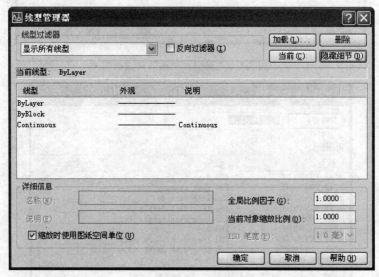

图 3.9 "线型管理器"对话框(显示细节)

2) 操作说明

(1) "全局比例因子"的大小应根据图形界限的设置来确定:一般情况下,在"当前对象缩放比例"为"1"时,图形界限变化的倍数就是"全局比例因子"的比例值。例如:图形界限从"420,297",扩大 100 倍变为"42000,29700"时,这时线型要正确显示,"全局比例因子"应设置为"100"。

(2) "全局比例因子"和"当前对象缩放比例"。

"全局比例因子"控制LTSCALE系统变量。该系统变量可全局修改新建对象和现有对象的线型比例。

"当前对象缩放比例"控制 CELTSCALE 系统变量。该系统变量可设置新建对象的线型比例。

将 LTSCALE 的值与 CELTSCALE 的值相乘,为当前显示的线型比例。

3.3.2 线宽设置

在工程图样中，图形线宽度之间的比例有相应的要求。工程制图的粗细比为 1：0.3，建筑制图的粗细比为 1：0.25。设置线宽，可以使所绘图样呈现需要的宽度。

在模型空间中，线宽以像素显示，并且在缩放时不发生变化。具有线宽的对象将以指定的线宽值打印。这些值的标准设置包括"随层"、"随块"和"默认"。它们的单位可以是英寸或毫米，默认单位是毫米。

只有打开了状态栏上的"线宽"按钮，绘图区才显示设置的不同线宽；若关闭了状态栏上的"线宽"按钮，绘图区则不显示线宽。

1．打开或关闭"线宽"

1) 操作方法

单击"线宽"按钮 **线宽**，使其凹下。

2) 操作说明

(1) 单击状态栏上的"线宽"按钮，使其凹下，则打开"线宽"模式。

(2) 在打开"线宽"模式状态下，单击"线宽"按钮，使其凸出，则关闭"线宽"模式。

2．设置线宽单位和默认值

1) 操作方法

(1) 在状态栏上的"线宽"按钮 **线宽** 上单击鼠标右键，然后选择"设置"。

(2) 单击下拉菜单"格式"→"线宽"命令。

(3) 在命令行输入"lweight"并按"Enter"键。

2) 操作说明

(1) 单击下拉菜单"格式"→"线宽"命令，打开"线宽设置"对话框，如图 3.10 所示。

(2) 在"线宽设置"对话框的"调整显示比例"选项组中，移动滑动块以修改显示比例。

(3) 在"线宽设置"对话框的"默认"列表框中，选择需要的线宽默认值。单击"确定"按钮，完成默认线宽设置。

(4) 在"线宽设置"对话框中，勾选"显示线宽"复选框，如同打开状态栏的"线宽"按钮。

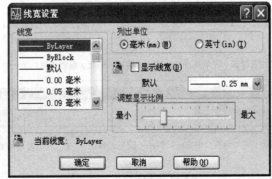

图 3.10 "线宽设置"对话框

3) 应用举例

用“直线”命令绘制图 3.11 所示的图形。

当“线宽设置”对话框设置如图 3.10 所示时，线宽分别为 0.25 mm、0.35 mm、0.50 mm、0.70 mm、1.00 mm 时，打开“线宽”按钮时所绘直线段的结果如图 3.11 中(1)所示；关闭“线宽”按钮时所绘直线段的结果如图 3.11 中(2)所示。

C:\Documents and Settings\Administrator\桌面\CAD\第2章\3.11...
0.25mm
0.35mm
0.50mm
0.70mm
1.00mm
(1)
(2)
Y
X
模型
布局1
布局2

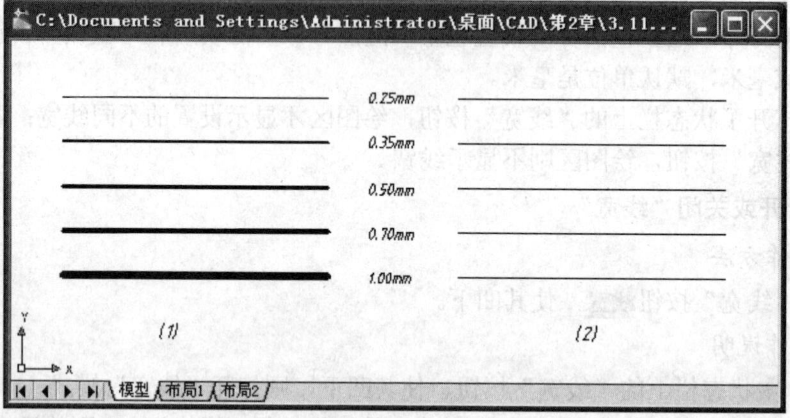

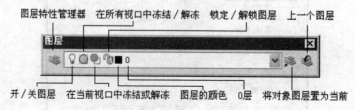

图 3.11　“线宽”设置绘图练习图例

3.4 图层的设置

图层是 AutoCAD 绘图时使用的主要组织工具，使用图层可以将信息按功能编组，并且执行线型、颜色及其他标准。用户可以利用图层组织各种不同的图形信息，例如线型、颜色、线宽等，并且可以快速有效地控制对象的显示以及对其进行修改。图层通常用于设计概念上相关的一组对象(例如尺寸标注)。

3.4.1 与图层有关的工具栏

绘图时，与图层有关的工具栏分别是“图层”工具栏和“特性”工具栏。

1．“图层”工具栏

在默认状态下，“图层”工具栏一般显示在绘图区的左上角位置，其形式和图标名称如图 3.12 所示。

图层特性管理器
在所有视口中冻结 / 解冻
锁定 / 解锁图层
上一个图层
图层
0
开 / 关图层
在当前视口中冻结或解冻
图层的颜色
0层
将对象图层置为当前

图 3.12　“图层”工具栏

利用"图层"工具栏，可以创建和管理图层，包括创建新的图层、转换当前图层、开/关图层、冻结/解冻图层、锁定/解锁图层等。

当前图层是绘图时绘制对象所在的图层。要转换当前图层，可在"图层"工具栏的"图层"列表中选择需要的图层，该图层将被设置为当前图层，并显示在工具栏上。例如，在图 3.12 中显示的当前图层为"0"层。

2．"特性"工具栏

默认状态下，在绘图区的上部中间位置显示"特性"工具栏，如图 3.13 所示。工具栏包括"颜色控制"、"线型控制"和"线宽控制"三个列表框，分别用于控制当前绘图区图形对象的颜色、线型和线宽。

图 3.13　"特性"工具栏

默认状态下，"特性"工具栏的三个列表框"颜色控制"、"线型控制"和"线宽控制"均设置为"ByLayer"，即当前绘制对象的颜色、线型和线宽为当前图层设置的特性。

一般情况下，为了后续修改和参照的需要，尽量让"特性"工具栏，保持其默认设置。若需要对个别对象改变颜色、线型和线宽等，可通过转换图层，将其满足需要。

3.4.2　图层的创建

系统默认图层为"0"，该层不能删除或重新命名。"0"层有两个作用：一是确保每个图形对象至少包含一个图层；二是提供与块颜色控制相关的特殊图层。

在绘图时，首先要根据需要创建适当的新图层来组织图形，而不是将整个图形均绘制在图层"0"上。在一个图形中可以创建的图层数目以及在每个图层中可以创建的对象数是无限的。

1．操作方法

(1) 单击"图层"工具栏上的"图层特性管理器"按钮📚。

(2) 单击下拉菜单"格式"→"图层"命令。

(3) 在命令行输入"layer"并按"Enter"键。

2．操作说明

(1) 单击"图层"工具栏上的"图层特性管理器"按钮，打开"图层特性管理器"对话框，如图 3.14 所示。

(2) 在"图层特性管理器"对话框中，单击"新建图层"按钮，名为"图层 1"的图层将自动添加到图层列表中。连续单击该按钮，则依次创建名为"图层 2"、"图层 3"等的新图层，这些图层自动继承前一图层的特性。

(3) 给图层命名。当出现名称"图层 1"、"图层 2"、"图层 3"等时，应重新输入新的名称。以"看名知意"为原则，一般根据图层的功能或控制的内容来命名，汉字、字母、数字和特殊字符均可用于图层名称。

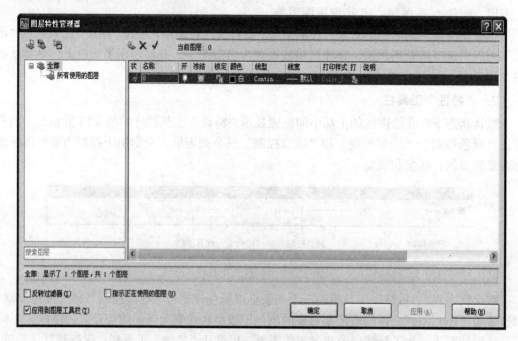

图 3.14 "图层特性管理器"对话框

(4) 设置各图层的特性。对各图层的颜色、线型、线宽等进行设置。

(5) 单击"确定"按钮，完成图层的创建。

3.4.3 图层的删除

应该删除不使用的图层，但是当前图层、图层 0、锁定图层和依赖外部参照的图层却无法删除。图层删除的操作说明如下：

(1) 单击"图层"工具栏上的"图层特性管理器"按钮，打开"图层特性管理器"对话框，如图 3.14 所示。

(2) 在"图层特性管理器"对话框中选择要删除的图层，单击"删除图层"按钮。

(3) 单击"应用"按钮保存修改，或者单击"确定"按钮，则完成选定图层被删除。

3.4.4 图层的特性设置

1. 图层的颜色设置

设置图层颜色主要是为了区别不同图层。因此，在创建图层时，应给不同的图层设置不同的颜色。

1) CAD 标准规定的线型颜色

CAD 标准规定的线型颜色见表 3.1。

表 3.1 线型颜色规定

序号	线型类别	显示颜色	序号	线型类别	显示颜色
1	粗实线	白色	5	细实线	绿色
2	细虚线	黄色		波浪线	
3	细点划线	红色		双折线	
4	双点划线	洋红色	6	粗点划线	青色

2) 操作说明

(1) 在打开的"图层特性管理器"对话框中，单击已创建图层的"颜色"图标，则弹出"选择颜色"对话框，如图 3.15 所示。

图 3.15 "选择颜色"对话框

(2) 在"选择颜色"对话框中，选择需要的颜色，单击"确定"按钮结束设置。

2. 图层的线型设置

在默认状态下，新创建的图层的线型均为"Continuous"(即实线)，而绘制工程图样需要多种线型，因此应根据需要设置新的线型。

1) 常用线型类别

常用的线型类别见表 3.2。

表 3.2 常用线型类别

序号	线型类别	线型型号
1	实线	Continuous
2	虚线	HIDDEN2 或 JIS_02_4.0
3	点划线	CENTER2 或 JIS_08_15
4	双点划线	PHANTOM2 或 JIS_09_15

2) 操作说明

(1) 在打开的"图层特性管理器"对话框中，单击已创建图层的"线型"图标，则弹出"选择线型"对话框，如图 3.16 所示。

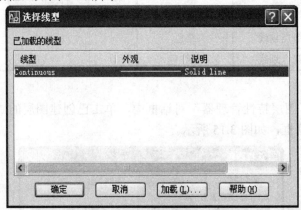

图 3.16   "选择线型"对话框

(2) 在"选择线型"对话框中，单击"加载"按钮，则弹出"加载或重载线型"对话框，如图 3.17 所示。

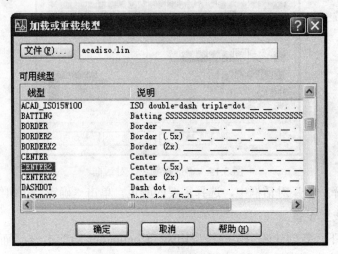

图 3.17   "加载或重载线型"对话框

(3) 在"加载或重载线型"对话框中，在"可用线型"列表中选择需要的线型；单击"确定"按钮返回"选择线型"对话框；再选择刚加载的线型，单击"确定"按钮，结束图层线型的设置。

3) 说明

绘制工程图样时，若设置的线型类别显示不正确，则应根据图形界限的设置重新修改"全局比例因子"。

3．图层的线宽设置

在默认状态下，新创建的图层的线宽均为默认值(0.25 mm)，在绘制工程图时，应根据需要设置新的线宽。

1) 常用线宽组

(1) 工程制图的粗细比为 1：0.3。常用线宽组为 1.0、0.35；0.7、0.25；0.5、0.18。

(2) 建筑制图的粗细比为 1：0.25。常用线宽组为 1.0、0.25；0.7、0.18。

2) 操作说明

(1) 在打开的"图层特性管理器"对话框中，单击已创建图层的"线宽"图标，则弹出"线宽"对话框，如图 3.18 所示。

图 3.18　"线宽"对话框

(2) 在"线宽"对话框中，点击需要的线宽；单击"确定"按钮结束设置。

3) 说明

绘制工程图样时，粗实线的线宽一般设置为 0.7 mm；中粗线的线宽一般设置为 0.35 mm；细实线、点划线、虚线、双点划线的线宽一般设置为 0.18 mm。

4. 图层的开/关、冻结、锁定

在"图层"工具栏中，点击相应图标，可以方便地开/关、冻结/解冻、锁定/解锁图层。

1) 图层的开/关

图层的开/关控制图层的可见性状态。

图层打开时，该图层上的对象可以显示、编辑和打印。

图层关闭时，该图层上的对象不可以显示、编辑和打印。当重新打开图层时，不会重新生成图形。

2) 图层的冻结/解冻

图层的冻结/解冻也是控制图层的可见性状态。

图层解冻时，该图层上的对象可以显示、编辑和打印。

图层冻结时，该图层上的对象不可以显示、编辑和打印。当重新解冻图层时，将重新生成图形。

冻结和解冻图层比打开和关闭图层需要更多的时间。是否选择冻结或关闭图层取决于用户的工作方式和图形的大小。

3) 图层的锁定/解锁

图层锁定时，不能修改图层上的任何对象。但可以将对象捕捉应用到锁定图层上的对象，并可以执行不修改这些对象的其他操作。

图层解锁时，可以修改图层上的对象。

3.5 绘图辅助工具的设置

在 AutoCAD 中绘制图形时，可以通过常用的定点方式来绘制图形，还可以使用系统提供的"极轴"、"对象捕捉"、"对象追踪"等绘图辅助工具，在不输入坐标的情况下快速、精确地绘制图形。

状态栏的中间位置是绘图辅助工具的开关按钮，默认状态下包括"捕捉"、"栅格"、"正交"、"极轴"、"对象辅捉"、"对象追踪"、"DUCS"、"DYN"、"线宽"和"模型"。

一般绘图时，"极轴"、"对象捕捉"、"对象追踪"、"线宽"等绘图辅助工具应设置为打开状态。

3.5.1 栅格和捕捉

在 AutoCAD 中，使用"栅格"和"捕捉"功能，可以用来精确定点。

栅格是遍布栅格指定界限整个区域点或线的矩阵。利用栅格可以对齐对象并直观显示对象之间的距离，好比是在图形下放置一张坐标纸。打印时不会打印出栅格。

捕捉模式用于限制十字光标，使其按照用户定义的间距移动。当打开"捕捉"模式时，光标仅能在栅格点上移动。

"栅格"模式和"捕捉"模式各自独立，但使用时应同时打开。

1. 栅格

要显示栅格，必须打开"栅格"模式；同时根据需要，设置合适的栅格间距。

1) 操作方法

(1) 单击"栅格"按钮**栅格**，使其凹下。

(2) 单击下拉菜单"工具"→"草图设置"命令。

(3) 在命令行输入"dsettings"并按"Enter"键。

2) 操作说明

(1) 单击下拉菜单"工具"→"草图设置"命令，打开"草图设置"对话框，如图 3.19 所示。

(2) 在"草图设置"对话框的"捕捉和栅格"选项卡上，勾选"启用栅格"复选框，这样可以显示栅格。

(3) 在"捕捉类型"选项组中，确认已点选"栅格捕捉"和"矩形捕捉"。

(4) 在"栅格间距"选项组中，在"栅格 X 轴间距"文本框中输入水平栅格间距；在"栅格 Y 轴间距"文本框中输入竖直栅格间距。单击"确定"按钮，完成栅格间距设置。

图 3.19　"草图设置"对话框(栅格设置)

3) 应用举例

(1) 按图 3.19 "草图设置" 对话框所示设置，绘图区状况如图 3.20 所示。

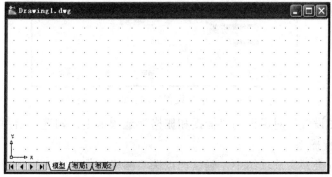

图 3.20　绘图区状况(打开"栅格"模式)

(2) 若将图 3.19 "草图设置" 对话框中的 "启用栅格" 复选框的勾选去除，绘图区状况如图 3.21 所示。

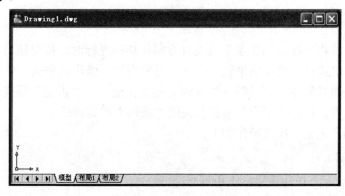

图 3.21　绘图区状况(关闭"栅格"模式)

2．捕捉

要捕捉栅格点，必须打开"捕捉"模式；同时根据需要，设置合适的捕捉间距。

1) 操作方法

(1) 单击状态栏上的"捕捉"按钮 捕捉，使其凹下。

(2) 单击下拉菜单"工具"→"草图设置"命令。

(3) 在命令行输入"dsettings"并按"Enter"键。

2) 操作说明

(1) 单击下拉菜单"工具"→"草图设置"命令，打开"草图设置"对话框，如图 3.22 所示。

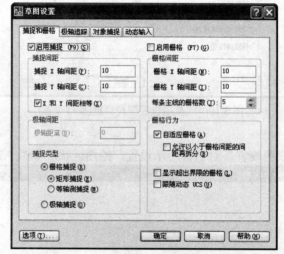

图 3.22　"草图设置"对话框(捕捉设置)

(2) 在"草图设置"对话框的"捕捉和栅格"选项卡上，勾选"启用捕捉"复选框，这样可以打开捕捉栅格。

(3) 在"捕捉类型"选项组中，确认已点选"栅格捕捉"和"矩形捕捉"。

(4) 在"捕捉间距"选项组中，在"捕捉 X 轴间距"文本框中输入水平捕捉间距值；在"捕捉 Y 轴间距"文本框中输入垂直间距值。单击"确定"按钮，完成捕捉间距设置。

3.5.2　正交

"正交"模式将光标限制在水平或垂直方向；移动光标时，拖引线总是在水平方向或垂直方向移动。这样对于绘制横平竖直的图形对象来说，操作起来就十分方便。

在绘图和编辑过程中，可以随时打开或关闭"正交"。"正交"模式和"极轴"追踪模式不能同时打开。打开"正交"模式会关闭"极轴"追踪模式。

打开或关闭"正交"模式操作如下。

1．操作方法

(1) 单击"正交"按钮 正交，使其凹下。

(2) 单击 F8 键。

(3) 在命令行输入"ortho"并按"Enter"键。

2．操作说明

(1) 单击状态栏上的"正交"按钮，使其凹下，则打开"正交"模式。

(2) 在打开"正交"模式状态下，单击"正交"按钮，使其凸出，则关闭"正交"模式。

3．应用举例

用"直线"命令在"正交"模式打开状态下绘制如图 3.23 所示的图形。

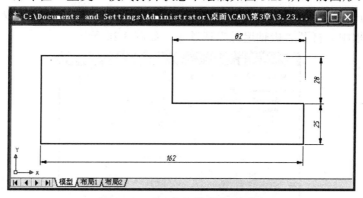

图 3.23　　"正交"模式练习图例

命令: line ✓	(执行命令)
指定第一点:	(在绘图区左下适当位置点击，定左下点)
指定下一点或 [放弃(U)]: 162✓	(光标右移，输入边长定右下点)
指定下一点或 [放弃(U)]: 25✓	(光标上移，输入边长定右上点)
指定下一点或 [闭合(C)/放弃(U)]: 82✓	(光标左移，输入边长定中下点)
指定下一点或 [闭合(C)/放弃(U)]: 28✓	(光标上移，输入边长定中上点)
指定下一点或 [闭合(C)/放弃(U)]: 80✓	(光标左移，输入边长定左上点)
指定下一点或 [闭合(C)/放弃(U)]: c✓	(输入选项"c"，回车结束命令)

3.5.3　极轴追踪

使用极轴追踪，光标将按指定角度进行移动，并且可以显示由指定的极轴角度所定义的临时对齐路径。

极轴角与当前用户坐标系(UCS)的方向和图形中基准角度法则的设置相关。光标移动时，如果接近极轴角，将显示对齐路径和工具栏提示，默认角度测量值为 90°。使用对齐路径和工具栏提示可以方便的绘制图形。

1．"极轴追踪"模式的打开与关闭

1) 操作方法

(1) 单击"极轴"按钮 极轴 ，使其凹下。

(2) 单击 F10 键。

2) 操作说明

(1) 单击状态栏上的"极轴"按钮，使其凹下，则打开"极轴"模式。

(2) 在打开"极轴"模式状态下，单击"极轴"按钮，使其凸出，则关闭"极轴"模式。

2．极轴追踪角度的设置

1）操作方法

(1) 单击下拉菜单"工具"→"草图设置"命令。

(2) 在命令行输入"dsettings"并按"Enter"键。

2）操作说明

(1) 单击下拉菜单"工具"→"草图设置"命令，打开"草图设置"对话框；在"草图设置"对话框中，打开"极轴追踪"选项卡，如图3.24所示。

图3.24　"极轴追踪"选项卡

(2) 在"草图设置"对话框的"极轴追踪"选项卡上，勾选"启用极轴追踪"复选框。这样可以打开"极轴"模式。

(3) 在"极轴角设置"选项组的"增量角"列表中，选择需要的极轴追踪角度(本例为15°)。若要设置附加追踪角，勾选"附加角"复选框；单击"新建"按钮；在文本框中输入角度值。

(4) 在"对象捕捉追踪设置"选项组中，点选"用所有极轴角设置追踪"。单击"确定"按钮，完成追踪角度设置。

3）应用举例

用"直线"命令在"极轴追踪"选项卡(如图3.24所示)中绘制如图3.25所示的图形。

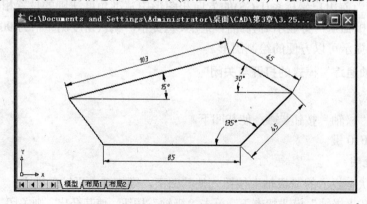

图3.25　"极轴追踪"模式练习图例

命令: line✓ (执行命令)

指定第一点: (在绘图区左下适当位置点击，定左下点)

指定下一点或 [放弃(U)]: 85✓ (光标右移，提示 0°对齐路径时输入 85，定右下点)

指定下一点或 [放弃(U)]: 45✓ (光标上移，提示 45°对齐路径时输入 45，定右上点)

指定下一点或 [闭合(C)/放弃(U)]:45✓ (光标左移，提示 150°对齐路径时输入 45，定最上点)

指定下一点或 [闭合(C)/放弃(U)]:103✓ (光标左移，提示 195°对齐路径时输入 103，定左上点)

指定下一点或 [闭合(C)/放弃(U)]: C✓ (输入选项"c"，回车结束命令)

3.5.4 对象捕捉

"对象捕捉"模式可以迅速、准确地捕捉特殊点，从而提高绘图的速度和精度。可以捕捉的特殊点有端点、交点、圆心、中点、切点、垂足等。

1. "对象捕捉"模式的打开和关闭

1) 操作方法

(1) 单击"对象捕捉"按钮 对象捕捉 ，使其凹下。

(2) 单击 F3 键。

2) 操作说明

(1) 单击状态栏上的"对象捕捉"按钮，使其凹下，则打开"对象捕捉"模式。

(2) 在打开"对象捕捉"模式状态下，单击"对象捕捉"按钮，使其凸出，则关闭"对象捕捉"模式。

2. "对象捕捉"模式的设置

1) 操作方法

(1) 单击下拉菜单"工具"→"草图设置"命令。

(2) 在命令行输入"osnap"并按"Enter"键。

2) 操作说明

(1) 单击下拉菜单"工具"→"草图设置"命令，打开"草图设置"对话框；在"草图设置"对话框中，打开"对象捕捉"选项卡，如图 3.26 所示。

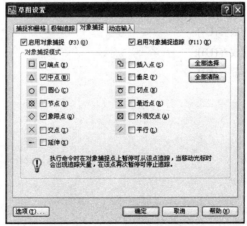

图 3.26 "对象捕捉"选项卡

  (2) 在"草图设置"对话框的"对象捕捉"选项卡上，勾选"启用对象捕捉"复选框，这样可以打开"对象捕捉"模式。

  (3) 在"对象捕捉模式"选项组中，勾选所需对象捕捉模式。单击"确定"按钮，完成"对象捕捉"模式设置。

  常用模式一般设定"端点"、"中点"、"交点"三种，其他模式根据需要随时设定。

  3) 应用举例

  用"直线"和"圆"命令绘制如图 3.27 所示的图形。其中矩形用"矩形"命令绘制完成，应设置"端点"、"中点"、"交点"和"切点"捕捉模式。

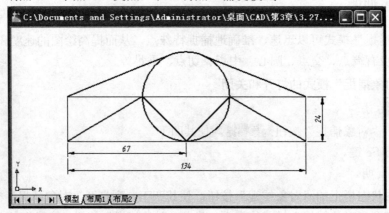

图 3.27　"对象捕捉"练习图例

  (1) 画圆。

命令: circle ✓　　　　　　　　　　　　　　　　　　　　　　　(执行命令)

指定圆的圆心或 [三点(3P)/两点(2P)/相切、相切、半径(T)]:　　(捕捉矩形上边线的中点)

指定圆的半径或 [直径(D)] <127>:　　　　　　　　　　(捕捉矩形下边线的中点)

  (2) 画矩形内四段直线。

命令: line ✓　　　　　　　　　　　　　　　　　　　　　　　(执行命令)

指定第一点:　　　　　　　　　　　　　　　　　　　　(捕捉矩形左下端点)

指定下一点或 [放弃(U)]:　　　　　　　　　　　　(捕捉矩形与圆的左交点)

指定下一点或 [放弃(U)]:　　　　　　　　　　　　(捕捉矩形下边线的中点)

指定下一点或 [闭合(C)/放弃(U)]:　　　　　　　　(捕捉矩形与圆的右交点)

指定下一点或 [闭合(C)/放弃(U)]:　　　　　　　　(捕捉矩形右下端点)

指定下一点或 [闭合(C)/放弃(U)]: ✓　　　　　　　(回车，结束命令)

  (3) 画矩形两切线。

命令: line ✓　　　　　　　　　　　　　　　　　　　　　　　(执行命令)

指定第一点:　　　　　　　　　　　　　　　　　　　　(捕捉矩形左上端点)

指定下一点或 [放弃(U)]:　　　　　　　　　　　　(捕捉圆左上部位的切点)

指定下一点或 [放弃(U)]: ✓　　　　　　　　　　　(回车，结束命令)

命令: line ✓　　　　　　　　　　　　　　　　　　　　　　　(执行命令)

指定第一点:　　　　　　　　　　　　　　　　　　　　(捕捉矩形右上端点)

指定下一点或 [放弃(U)]:　　　　　　　　　　　　　　　　　　　(捕捉圆右上部位的切点)

指定下一点或 [放弃(U)]: ↙　　　　　　　　　　　　　　　　　　(回车，结束命令)

3.5.5　对象追踪

对象追踪可以沿着基于对象捕捉点的对齐路径进行追踪。获取点之后，当在绘图路径上移动光标时，将显示相对于获取点的水平、垂直或极轴对齐路径。

但是要注意，对象捕捉追踪应与对象捕捉一起使用。设置了对象捕捉，使用对象追踪才能从对象的捕捉点进行追踪。

默认情况下，对象追踪设置为正交。对齐路径将显示始于已获取的对象点的 0°、90°、180° 和 270° 方向上，但是，也可以使用极轴追踪角代替。

对象捕捉追踪的打开和关闭操作如下。

1．操作方法

(1) 单击"对象追踪"钮 对象追踪 ，使其凹下。

(2) 单击 F11 键。

2．操作说明

(1) 单击状态栏上的"对象追踪"按钮，使其凹下，则打开"对象追踪"模式。

(2) 在打开"对象追踪"模式状态下，单击"对象追踪"按钮，使其凸出，则关闭"对象追踪"模式。

3．应用举例

用"直线"命令绘制如图 3.28 所示的图形。其中对象捕捉要设置"端点"、"中点"捕捉模式，"对象捕捉"和"对象追踪"已打开。

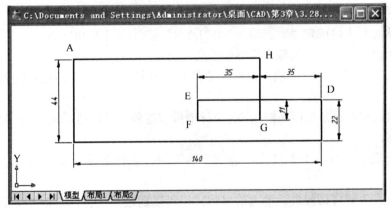

图 3.28　"对象追踪"练习图例

命令: line ↙　　　　　　　　　　　　　　　　　　　　　　　　(执行命令)

指定第一点:　　　　　　　　　　　　　　　　　　　(在绘图区适当位置点击，定 A 点)

指定下一点或 [放弃(U)]: @44<270↙　　　　　　　　　(输入相对极坐标，定 B 点)

指定下一点或 [放弃(U)]: @140<0↙　　　　　　　　　(输入相对极坐标，定 C 点)

指定下一点或 [闭合(C)/放弃(U)]:　　(光标在 AB 线中点停留并右移，对齐路径相交时点击定 D 点)

指定下一点或 [闭合(C)/放弃(U)]:　　　（光标在 BC 线中点停留并上移，对齐路径相交时点击定 E 点）
指定下一点或 [闭合(C)/放弃(U)]:　　　（光标在 CD 线中点停留并左移，对齐路径相交时点击定 F 点）
指定下一点或 [闭合(C)/放弃(U)]:　　　（光标在 ED 线中点停留并下移，对齐路径相交时点击定 G 点）
指定下一点或 [闭合(C)/放弃(U)]:　　　（光标在 A 端点停留并右移，对齐路径相交时点击定 H 点）
指定下一点或 [闭合(C)/放弃(U)]:c✓　　　（输入选项"c"，回车结束命令）

3.5.6　动态输入

动态输入功能可以在指针位置处显示标注输入和命令提示等信息，该信息会随着光标移动而动态更新。

在输入字段中输入值并按"Tab"键后，该字段将显示一个锁定图标，并且光标会受用户输入的值约束。随后可以在第二个输入字段中输入值。另外，如果用户输入值后按"Enter"键，则第二个输入字段将被忽略，且该值将被视为直接距离。

1. "动态输入"模式的打开和关闭

1) 操作方法

(1) 单击"DYN"按钮**DYN**，使其凹下。

(2) 单击 F12 键。

2) 操作说明

(1) 单击状态栏上的"DYN"按钮，使其凹下，则打开"动态输入"模式。

(2) 在打开"动态输入"模式状态下，单击"DYN"按钮，使其凸出，则关闭"动态输入"模式。

2. 在动态输入工具栏提示中输入坐标值

1) 操作说明

(1) 在状态栏上，确定"动态输入"（"DYN"按钮)处于启用状态。

(2) 使用以下方法之一来输入坐标值或选择选项：

① 要输入相对极坐标，输入距前一点的距离并按"Tab"键，然后输入角度值并按"Enter"键。

② 要输入相对直角坐标，输入 X 坐标增量和逗号"，"，然后输入 Y 坐标增量并按"Enter"键。

③ 如果提示后有一个下箭头，请按下箭头键，直到选项旁边出现一个点为止，按"Enter"键。

④ 按上箭头键可访问最近输入的坐标，也可以通过单击鼠标右键并单击"最近的输入"，从快捷菜单中访问这些坐标。

注意：对于标注输入，在输入字段中输入值并按"Tab"键后，该字段将显示一个锁定图标，并且光标会受输入值的约束。

2) 应用举例

用"直线"命令绘制如图 3.29 所示的菱形。其中"DYN"(动态输入)已打开。

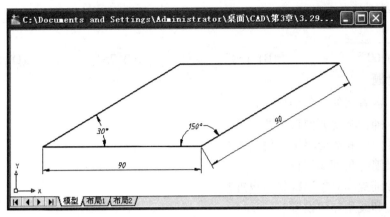

图 3.29 "动态输入"练习图例

命令: line ✓ (执行命令)

指定第一点: (在绘图区适当位置点击，定左下端点)

指定下一点或 [放弃(U)]: @90,0 (输入 90，按逗号","键，输入 0，回车定右下端点)

指定下一点或 [放弃(U)]: 30 (输入距离 90，按"Tab"键，输入角度 30，回车定右上端点)

指定下一点或 [闭合(C)/放弃(U)]: @-90,0 (输入-90，按逗号","键，输入 0，回车定左上端点)

指定下一点或 [闭合(C)/放弃(U)]: c✓ (输入选项"c"，回车结束命令)

3.6 课 后 练 习

1. 单选题

(1) 绘图区默认的背景样色是_____。

   (A) 黑色   (B) 白色   (C) 红色   (D) 黄色

(2) 在"图形单位"对话框中，默认的长度精度是_____。

   (A) 0   (B) 0.00   (C) 0.000   (D) 0.0000

(3) 系统默认的图形界限设置范围大小是_____。

   (A) 420,297   (B) 210,150   (C) 0,0   (D) 2100,1500

(4) 关于图层删除的说法，正确的是_____。

   (A) 所有图层均可删除   (B) 所有自建图层均可删除

   (C) "0"层不可删除   (D) 图层一旦建立，均不可删除

(5) 关于在当前图层绘制图样的说法，正确的是_____。

   (A) 定义为虚线的图层不能绘制实线   (B) 所绘对象一定可见

   (C) 定义为红色的图层不能绘制黄色对象   (D) 所绘对象可以看不见

(6) 在 AutoCAD 中，功能键 F3 是切换_____的开关。

   (A) 捕捉   (B) 对象捕捉   (C) 栅格   (D) 正交

(7) 在对象捕捉模式中，共有_____个捕捉模式。

   (A) 3   (B) 6   (C) 13   (D) 16

(8) 对"极轴追踪"进行设置，把"增量角"设为 30°，采用极轴追踪不会显示极轴对齐的角度是_____。

　　(A) 60°　　　　　　(B) 150°　　　　　　(C) 75°　　　　　　(D) 270°

2. 思考题

(1) 绘图区背景的颜色如何设置？

(2) 自动捕捉标记如何设置？

(3) 绘图单位和图形界限如何设置？

(4) 极轴追踪角度如何设置？

(5) 对象捕捉和对象追踪如何设置？

(6) 线宽和线型如何设置？

3. 绘图题

(1) 新建一个绘图文件：绘图区背景颜色设置为"白色"，自动捕捉标记颜色设置为"红色"，长度精度设置为"0"，当前图形界限设置为 A3 幅面，使其在当前状态下有效，并新建如下图层。(注意："线宽设置"对话框"调整显示比例"滑块位于左侧第二区段)

- 粗实线：颜色为白色；线性为 Continuous，线宽为 0.7；
- 中实线：颜色为青色；线性为 Continuous，线宽为 0.35
- 细实线：颜色为绿色；线性为 Continuous，线宽为 0.25；
- 细虚线：颜色为蓝色；线性为 HIDDEN2，线宽为 0.25；
- 点划线：颜色为红色；线性为 CENTER2，线宽为 0.25；
- 双点划线：颜色为洋红色；线性为 PHANTOM2，线宽为 0.25。

(2) 在题(1)设置的文件中，根据所注尺寸，绘制如图 3.30 上机练习(1)所示图形。

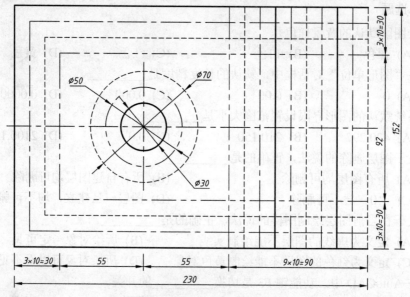

图 3.30　上机练习(1)

- 绘图提示：① 打开"极轴"、"对象追踪"、"对象捕捉"并设置"端点"、"交点"捕捉模式。② 用"直线"命令(或"多段线"命令)、"圆"命令绘制。

(3) 在题(1)设置的文件中，根据所注尺寸，绘制如图 3.31 上机练习(2)所示图形。

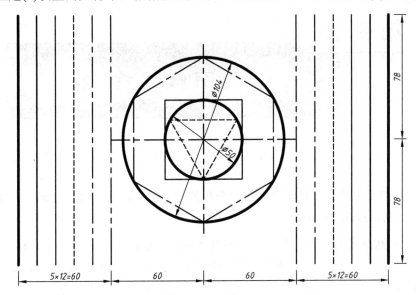

图 3.31 上机练习(2)

● 绘图提示：① 打开"极轴"、"对象追踪"、"对象捕捉"并设置"端点"、"交点"捕捉模式。② 用"直线"命令、"圆"命令、"正多边形"命令绘制。

(4) 根据所注尺寸，绘制如图 3.32 上机练习(3)所示图形。

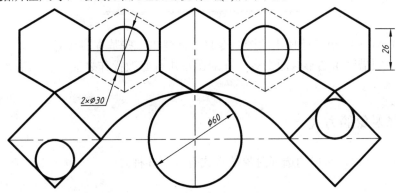

图 3.32 上机练习(3)

● 绘图提示：

① 打开"极轴"(增量角 45°)、"对象追踪"、"对象捕捉"(设置"端点"、"中点"、"交点"、"圆心"捕捉模式)。

② 用"正多边形"命令绘制正六边形；用"圆心、半径"命令绘制 ϕ60 的圆；用"正多边形"命令绘制正方形。

③ 用"直线"命令绘制横竖线；用"圆"命令中的"相切、相切、相切"命令项绘制未注尺寸的圆。

④ 用圆弧命令中的"三点"命令项绘圆弧；用"圆心、半径"命令绘制 ϕ30 的圆。

第 4 章

常用修改命令

☞本章介绍了设计图形时常用修改命令的操作方法等，主要内容包括：对象的选择、图形的显示控制、修改命令的操作等。

AutoCAD 2007 具有强大的图形修改编辑功能，提供了丰富的图形修改命令。通过灵活使用绘图命令和修改命令，可以帮助用户合理地构造和组织图形，保证绘图的准确性，简化绘图操作。

4.1 对象的选择

在 AutoCAD 中，单纯地使用绘图命令只能创建出一些基本图形对象，要绘制较为复杂的图形，就必须借助于图形修改命令。在对图形进行修改操作之前，首先需要选择要修改的对象。

4.1.1 选择对象的方式

在 AutoCAD 中，常用的选择对象的方式有以下 6 种。

1．点选方式

点选方式一次只选一个对象。

在出现"选择对象"命令提示下，直接移动拾取框光标到所要选取的对象上，单击左键，该对象则显示为虚线，表示已选中该对象。

2．窗口方式

窗口方式可以选中完全在指定区域中的所有对象。先左后右指定角点选择创建窗口。

在出现"选择对象"命令提示下，直接移动拾取框光标，指定对象所在矩形区域左边角点(这时区域边框为实线，背景颜色变成透明状)；再移动拾取框光标，指定对象所在矩形区域右边角点。完全位于矩形区域中的对象变成虚线显示，表示已选中对象。

特别注意：使用窗口方式选择对象时，一般情况下整个对象都要包含在矩形选择区域中。

3．窗交方式

窗交方式可以选中完全或部分在指定区域中的所有对象。先右后左指定角点选择创建交叉窗口。

在出现"选择对象"命令提示下，直接移动拾取框光标，指定对象所在矩形区域右边角点(这时区域边框为虚线，背景颜色变成透明状)；再移动拾取框光标，指定对象所在矩形区域左边角点。完全或部分位于矩形区域中的对象变成虚线显示，表示已选中对象。

特别注意：先右后左拖动光标，以选择矩形窗口全部包围、部分包围或相交的对象。

4．栏选方式

栏选方式通过绘制直线，用来选中与直线相交的对象。

在出现"选择对象"命令提示下，输入"f"，再按提示给出直线的各端点(即栏选点)，确定后即选中与这组直线相交的所有对象。

5．全选方式

全选方式可以选中绘图区解冻图层上的所有对象。

在出现"选择对象"命令提示下，输入"all"，按"Enter"键后即选中绘图区解冻图层上的所有对象。

6．最后方式

最后方式可以选中最后画出的那个对象。

在出现"选择对象"命令提示下，输入"1"，按"Enter"键后即选中最后画出的那个对象。

4.1.2 选择对象的撤销

如果对象已被选择，但是发现个别对象选择错误，就需要撤销对该对象的选择。

在出现"选择对象"命令提示下，按下"Shift"键，然后点选或窗选需要撤销的对象，即可撤销已选中的对象。

4.2 图形的显示控制

在绘图时，用户常常需要观察图样的局部细节或整体效果，下面介绍几个常用的图形显示操作。

4.2.1 实时平移

使用实时平移命令，可以重新定位图形，以便看清图形的其他部分或绘制别的图样。该操作不会改变图形对象的物理位置和实际尺寸，只能改变视图显示。

1．操作方法

(1) 单击"标准"工具栏上的"实时平移"按钮 。

(2) 单击下拉菜单"视图"→"平移"→"实时"命令。

(3) 在命令行输入"pan"并按"Enter"键。

2．操作说明

(1) 单击"标准"工具栏上的"实时平移"按钮，当出现手形光标时，按住鼠标左键并进行移动，当移动到合适位置时松开左键。

(2) 按"Enter"、"Esc"键，或单击鼠标右键结束移动。

4.2.2　实时缩放

使用实时缩放命令，可以通过放大和缩小操作改变视图的显示大小(不改变图形对象的绝对大小)。执行实时缩放命令后，鼠标显示为放大镜图标，按住鼠标左键向上拖动，图形显示变大；按住鼠标左键向下拖动，图形显示变小。

1．操作方法

(1) 单击"标准"工具栏上的"实时缩放"按钮 🔍 。

(2) 单击下拉菜单"视图"→"缩放"→"实时"命令。

(3) 在命令行输入"zoom"并按"Enter"键。

2．操作说明

(1) 单击"标准"工具栏上的"实时缩放"按钮，进入实时缩放模式，此时鼠标指针呈放大镜形状，按住鼠标左键向下进行拖动可缩小整个图形；按住鼠标左键向上进行拖动可放大整个图形；反复操作，当缩放到合适大小时，松开鼠标左键。

(2) 按"Enter"、"Esc"键，或单击鼠标右键结束移动。

4.2.3　窗口缩放

使用窗口缩放命令，可以放大显示由两个角点定义的矩形窗口圈定的区域。操作时只需在屏幕上拾取两个对角点以确定一个矩形窗口，之后系统将矩形范围内的图形放大至整个屏幕。矩形窗口圈定的区域越小，其内的图形显示得越大。该命令常常用于对图样小区域的精准观察。

1．操作方法

(1) 单击"标准"工具栏上的"窗口缩放"按钮 🔍 。

(2) 单击下拉菜单"视图"→"缩放"→"窗口"命令。

(3) 在命令行输入"zoom"并按"Enter"键，再输入"W"并按"Enter"键。

2．操作说明

命令: zoom✓　　　　　　　　　　　　　　　　　　　　　　　　　(执行命令)

指定窗口的角点，输入比例因子 (nX 或 nXP)，或者[全部(A)/中心(C)/

动态(D)/范围(E)/上一个(P)/比例(S)/窗口(W)/对象(O)] <实时>: _W✓　　　　(输入选项"W")

指定第一个角点:　　　　　　　　　　　　　　　　　　　　(指定矩形窗口的角点)

指定对角点:　　　　　　　　　　　　　　　　　　　　　(指定矩形窗口的对角点)

4.2.4 返回缩放

使用"返回上一个"命令，可以使当前视图返回到使用"实时平移"、"实时缩放"、"窗口缩放"等命令前显示的视图状态。

1．操作方法

(1) 单击"标准"工具栏上的"缩放上一个"按钮 。

(2) 单击下拉菜单"视图"→"缩放"→"上一个"命令。

(3) 在命令行输入"zoom"并按"Enter"键，输入"P"并按"Enter"键。

2．操作说明

单击"标准"工具栏上的"缩放上一个"按钮，绘图区视图显示快速返回上一个视图状态。也可执行"zoom"命令后，按"Enter"键，输入"P"并按"Enter"键返回上一个视图状态。

4.3 修改命令的操作

修改命令在"修改"菜单中的位置如图 4.1 所示，在工具栏的位置如图 4.2 所示。

图 4.1 "修改"菜单

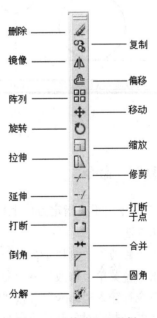

图 4.2 "修改"工具栏

4.3.1 "删除"命令

"删除"命令用于从图形中删除选定的对象。

1．操作方法

(1) 单击"修改"工具栏上的"删除"按钮 。

(2) 单击下拉菜单"修改"→"删除"命令。

(3) 在命令行输入"erase"并按"Enter"键。

(4) 选择要删除的对象并单击鼠标右键，然后在打开的快捷菜单中单击"删除"命令。

2．操作说明

命令：erase↙　　　　　　　　　　　　　　　　　　　　　(执行命令)

选择对象：　　　　　　　　　　　　　　　　　　(选择要删除的对象)

选择对象：　　　　　　　　　　　　　　　　　　(回车,结束命令)

3．应用举例

用"删除"命令将如图 4.3(1)所示图形修改为如图 4.3(2)所示的结果。

命令：erase↙　　　　　　　　　　　　　　　　　　　　　(执行命令)

选择对象：找到 1 个　　　　　　　　　　　　　　　　　(点选大圆)

选择对象：找到 1 个，总计 2 个　　　　　　　　　　　(点选小圆)

选择对象：　　　　　　　　　　　　　　　　　　(回车,结束命令)

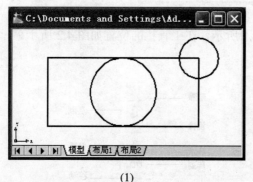
(1)

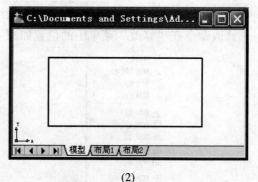
(2)

图 4.3　"删除"命令练习图例

4.3.2　"复制"命令

"复制"命令用于在指定方向上按指定距离复制对象。

1．操作方法

(1) 单击"修改"工具栏上的"复制"按钮 。

(2) 单击下拉菜单"修改"→"复制"命令。

(3) 在命令行输入"copy"并按"Enter"键。

(4) 选择要复制的对象并单击鼠标右键，然后在快捷菜单中单击"复制对象"命令。

2．操作说明

命令：copy↙　　　　　　　　　　　　　　　　　　　　　(执行命令)

选择对象：　　　　　　　　　　　　　　　　　　(选择要复制的对象)

选择对象：　　　　　　　　　　　　　　　　　　(回车,结束选择)

指定基点或 [位移(D)] <位移>:	(指定基点)
指定第二个点或 <使用第一个点作为位移>:	(指定第一个插入点)
指定第二个点或 [退出(E)/放弃(U)] <退出>:	(指定第二个插入点)
指定第二个点或 [退出(E)/放弃(U)] <退出>:	(继续指定插入点，或回车结束命令)

(1) 指定基点：由基点向指定点复制。基点很关键，是复制图形将要插入到新位置的基准点。

如果在"指定基点或[位移(D)]<位移>"提示下，直接指定了基点的位置，则系统提示：

指定第二个点或〈使用第一个点作为位移〉：

在此提示下若指定一点，系统就会把选取的对象复制到这一点。

(2) 退出：退出复制命令。

(3) 放弃：从后向前依次取消复制的对象。

3．应用举例

用"复制"命令将如图 4.4(1)所示图形修改为如图 4.4(2)所示的结果。其中左侧圆的圆心在矩形的左上端点，打开"对象捕捉"并设置"端点"、"中点"捕捉模式。

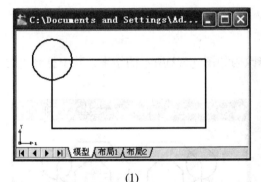 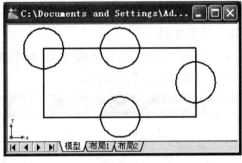

　　　　(1)　　　　　　　　　　　　　　　　　　　(2)

图 4.4　"复制"命令练习图例

命令: copy✓	(执行命令)
选择对象: 找到 1 个	(选择要复制的对象)
选择对象:	(回车，结束选择)
指定基点或 [位移(D)] <位移>:	(捕捉矩形左上端点)
指定第二个点或 <使用第一个点作为位移>:	(捕捉矩形上边线中点)
指定第二个点或 [退出(E)/放弃(U)] <退出>:	(捕捉矩形右边线中点)
指定第二个点或 [退出(E)/放弃(U)] <退出>:	(捕捉矩形下边线中点)
指定第二个点或 [退出(E)/放弃(U)] <退出>:	(回车，结束命令)

4.3.3　"镜像"命令

"镜像"命令用于将选定对象按指定的镜像线(即对称线)进行对称复制。

对象镜像时，原来的对象可以删除也可以保留。"镜像"命令对于创建对称图形非常有用。

特别注意：MIRRTEXT系统变量控制"镜像"命令显示文字的方式："0"保持原文字

方向，"1" 翻转原文字方向。默认状态下，MIRRTEXT系统变量设置为 "0"。镜像文字对象时，如果要反转文字，需要将MIRRTEXT系统变量设置为 "1"。

1．操作方法

(1) 单击 "修改" 工具栏上的 "镜像" 按钮 ◢◣。

(2) 单击下拉菜单 "修改" → "镜像" 命令。

(3) 在命令行输入 "mirror" 并按 "Enter" 键。

2．操作说明

命令: mirror↙　　　　　　　　　　　　　　　　　　　　　　　　(执行命令)

选择对象:　　　　　　　　　　　　　　　　　　　　　　(选择要镜像的对象)

选择对象:　　　　　　　　　　　　　　　　　　　　　　　(回车，结束选择)

指定镜像线的第一点:　　　　　　　　　　　　　　　(指定对称线上的一个点)

指定镜像线的第二点:　　　　　　　　　　　　　　　(指定对称线上的另一个点)

要删除源对象吗？[是(Y)/否(N)] <N>:　　　(回车，以不删除源对象方式结束命令；或输入选项)

(1) 是：镜像对象后删除原对象。

(2) 否：镜像对象后保留原对象。

3．应用举例

用 "镜像" 命令将如图 4.5(1)所示图形修改为如图 4.5(2)所示的结果。其中打开 "对象捕捉" 并设置 "端点" 捕捉模式。

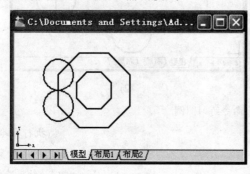
(1)

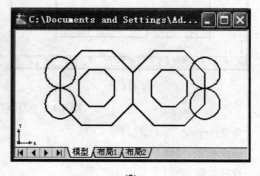
(2)

图 4.5　"镜像" 命令练习图例

命令: mirror↙　　　　　　　　　　　　　　　　　　　　　　　　(执行命令)

选择对象: 指定对角点: 找到 4 个　　　　　　　　　　　　　(窗选 4 个对象)

选择对象:　　　　　　　　　　　　　　　　　　　　　　　(回车，结束选择)

指定镜像线的第一点:　　　　　　　　　　　　(捕捉大八边形右边线的上端点)

指定镜像线的第二点:　　　　　　　　　　　　(捕捉大八边形右边线的下端点)

要删除源对象吗？[是(Y)/否(N)] <N>:　　　　　　　　　　(回车，结束命令)

4.3.4　"偏移" 命令

"偏移" 命令用于创建与选定对象平行的新对象。

"偏移"命令可以偏移的对象包括直线、圆弧、圆、椭圆、椭圆弧、二维多段线、构造线、射线、样条曲线等。偏移圆或圆弧对象,由偏移方向决定创建更大的圆或圆弧还是更小的圆或圆弧。

1. 操作方法

(1) 单击"修改"工具栏上的"偏移"按钮 ⊕。

(2) 单击下拉菜单"修改"→"偏移"命令。

(3) 在命令行输入"offset"并按"Enter"键。

2. 操作说明

命令: offset✓ (执行命令)

当前设置: 删除源=否 图层=源 OFFSETGAPTYPE=0 (信息行)

指定偏移距离或 [通过(T)/删除(E)/图层(L)] <通过>: (输入偏移值)

选择要偏移的对象,或 [退出(E)/放弃(U)] <退出>: (点选偏移对象)

指定要偏移的那一侧上的点,或 [退出(E)/多个(M)/放弃(U)] <退出>: (指定偏移方位)

选择要偏移的对象,或 [退出(E)/放弃(U)] <退出>: (再次点选偏移对象)

(1) 偏移距离:在距离现有对象指定的距离位置创建对象。输入距离后,命令行提示:

选择要偏移的对象或 [退出(E)/放弃(U)] <退出>:

这时,点选一个对象、输入选项或按"Enter"键结束命令。若点选了一个对象,命令行接着提示:

指定要偏移的那一侧上的点,或 [退出(E)/多个(M)/放弃(U)] <退出>:

这时,指定对象要偏移的那一侧上的一个点或输入选项。

(2) 通过:创建通过指定点的对象。

(3) 删除:偏移源对象并将其删除。

(4) 图层:确定将偏移对象创建在当前图层上还是源对象所在的图层上。

3. 应用举例

用"偏移"命令将如图4.6(1)所示图形修改为如图4.6(2)所示的结果。其中各同类对象之间的间距为20。

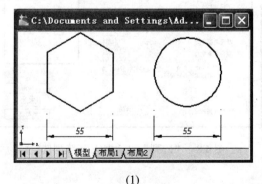
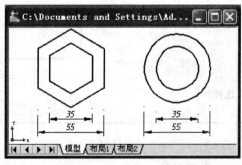

(1)   (2)

图4.6 "偏移"命令练习图例

命令: offset✓ (执行命令)

当前设置: 删除源=否 图层=源 OFFSETGAPTYPE=0 (信息行)

指定偏移距离或 [通过(T)/删除(E)/图层(L)] <50>: 20✓	(输入偏移值)
选择要偏移的对象，或 [退出(E)/放弃(U)] <退出>:	(点选圆)
指定要偏移的那一侧上的点，或 [退出(E)/多个(M)/放弃(U)] <退出>:	(在圆内点击)
选择要偏移的对象，或 [退出(E)/放弃(U)] <退出>:	(点选六边形)
指定要偏移的那一侧上的点，或 [退出(E)/多个(M)/放弃(U)] <退出>:	(在六边形内点击)
选择要偏移的对象，或 [退出(E)/放弃(U)] <退出>:	(回车，结束命令)

4.3.5　"阵列"命令

"阵列"命令用于以矩形或环形规则排列方式复制对象。

对于矩形阵列，可以控制行和列的数目以及它们之间的距离。对于环形阵列，可以控制对象副本的数目并决定是否旋转副本。

1．操作方法

(1) 单击"修改"工具栏上的"阵列"按钮⊞。

(2) 单击下拉菜单"修改"→"阵列"命令。

(3) 在命令行输入"array"并按"Enter"键。

2．操作说明

利用"阵列"命令复制对象，需要 5 步：

(1) 打开"阵列"对话框。单击"修改"工具栏上的"阵列"按钮，打开"阵列"对话框，如图 4.7 所示。

(2) 选择阵列类型。若要矩形阵列对象(即按规则的行列排列复制对象)，点选"矩形阵列"单选钮，打开如图 4.7 所示对话框(系统默认的阵列方式)；若要环形阵列对象(即按指定圆心环形排列复制对象)，点选"环形阵列"单选钮，打开如图 4.8 所示对话框。

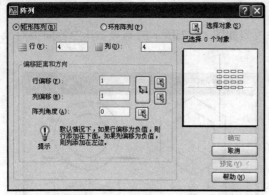 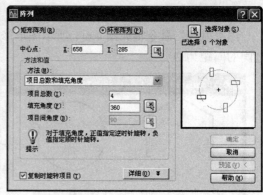

图 4.7　"阵列"对话框(矩形阵列选定)　　　图 4.8　"阵列"对话框(环形阵列选定)

(3) 设置参数。

① 矩形阵列参数设置：

在"行"文本框中输入阵列的行数，在"列"文本框中输入阵列的列数；

在"行偏移"文本框中输入行距或利用"捕捉两者偏移"按钮或"拾取行偏移"

按钮 指定行偏移("行偏移"是指阵列对象相邻两行对应点的偏移值；输入正数值表示在已有图形上侧复制对象，输入负数值表示在已有图形下侧复制对象)；

在"列偏移"文本框中输入列距或利用"拾取两者偏移"按钮 或"拾取列偏移"按钮 指定("列偏移"是指阵列对象相邻两列对应点的偏移值；输入正数值表示在已有图形右侧复制对象，输入负数值表示在已有图形左侧复制对象)；

在"阵列角度"文本框中输入旋转角度或利用"拾取阵列的角度"按钮 指定。

② 环形阵列参数设置：

单击"拾取中心点"按钮 ，在绘图区指定阵列中心；

在"方法"列表框中选择定位对象所用的方法；

在"项目总数"文本框中输入阵列复制对象的数目；

在"填充角度"文本框中输入阵列对象涵盖的角度(输入正数值按逆时针方向旋转复制对象，输入负数值按顺时针方向旋转复制对象。默认值为 360，不允许值为 0)；

勾选"复制时旋转项目"复选框。

(4) 选择阵列对象。单击"选择对象"按钮，进入绘图区选择阵列对象。

(5) 预览对象。单击"预览"按钮，进入绘图区，此时对象已按设置完成阵列复制，同时弹出"阵列"选择对话框，如图 4.9 所示。

图 4.9　"阵列"选择对话框

若对象阵列复制满足要求，则单击"接受"按钮完成阵列复制；否则，单击"修改"按钮，返回"阵列"对话框，重新选择对象或设置阵列参数。

3. 应用举例

1) 矩形阵列操作

用"阵列"命令中的"矩形阵列"将如图 4.10(1)所示图形修改为如图 4.10(2)所示的结果。

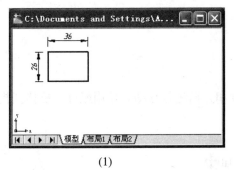
(1)

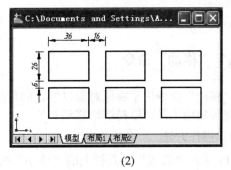
(2)

图 4.10　"阵列"命令中"矩形阵列"练习图例

操作如下：

(1) 单击"修改"工具栏上的"阵列"按钮，打开"阵列"对话框；点选"矩形阵列"单选钮。

(2) 在"行"文本框中输入阵列的行数"2"，在"列"文本框中输入阵列的列数"3"；在"行偏移"文本框中输入行偏移"−32"，在"列偏移"文本框中输入列偏移"52"，在"阵列角度"文本框输入旋转角度"0"。

　　(3) 单击"选择对象"按钮,进入绘图区选择所给矩形,按"Enter"键返回"阵列"对话框。

　　(4) 单击"预览"按钮,进入绘图区;单击"接受"按钮完成阵列。

　　2) 环形阵列操作

　　用"阵列"命令中的"环形阵列"将如图 4.11(1)所示图形修改为如图 4.11(2)所示的结果。其中打开"对象捕捉"并设置"端点"捕捉模式。

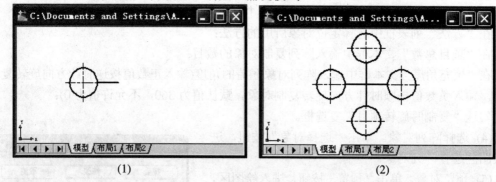

　　　　　　　　(1)　　　　　　　　　　　　　　　　(2)

图 4.11　　"阵列"命令中"环形阵列"练习图例

　　操作如下:

　　(1) 单击"修改"工具栏上的"阵列"按钮,打开"阵列"对话框;点选"环形阵列"单选钮。

　　(2) 单击"拾取中心点"按钮,在绘图区指定阵列中心——粗实线的右端点;在"项目总数"文本框中输入阵列数目"4";"方法"列表框及"填充角度"文本框中保持默认值;勾选"复制时旋转项目"复选框。

　　(3) 单击"选择对象"按钮,进入绘图区选择所有对象,按"Enter"键返回"阵列"对话框。

　　(4) 单击"预览"按钮,进入绘图区;单击"接受"按钮完成阵列。

4.3.6　"移动"命令

　　"移动"命令用于将原对象以给定的角度和方向进行移动。使用坐标、栅格捕捉、对象捕捉等辅助工具可以精准地移动对象。

1. 操作方法

　　(1) 单击"修改"工具栏上的"移动"按钮✛。

　　(2) 单击下拉菜单"修改"→"移动"命令。

　　(3) 在命令行输入"move"并按"Enter"键。

2. 操作说明

命令: move↙　　　　　　　　　　　　　　　　　　　　　　　　　　　(执行命令)

选择对象:　　　　　　　　　　　　　　　　　　　　　　　　　　(选择要移动的对象)

选择对象:　　　　　　　　　　　　　　　　　　　　　　　　　　　(回车,结束选择)

指定基点或 [位移(D)] <位移>:　　　　　　　　　　　　　　　　　　　　　　　　(指定基点)

指定第二个点或 <使用第一个点作为位移>:　　　　　　　　　　　　　　　　　(指定插入点)

3．应用举例

用"移动"命令将如图 4.12(1)所示图形修改为如图 4.12(2)所示的结果。其中打开"对象捕捉"并设置"端点"捕捉模式。

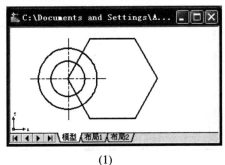
(1)

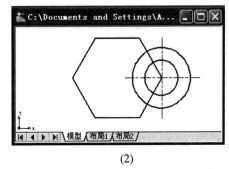
(2)

图 4.12 "移动"命令练习图例

命令：move↙　　　　　　　　　　　　　　　　　　　　　　　　　　　　　　(执行命令)

选择对象: 找到 1 个　　　　　　　　　　　　　　　　　　　　　　　　　(点选大圆)

选择对象: 找到 1 个，总计 2 个　　　　　　　　　　　　　　　　　　　(点选小圆)

选择对象: 找到 1 个，总计 3 个　　　　　　　　　　　　　　　　　(点选竖点画线)

选择对象: 找到 1 个，总计 4 个　　　　　　　　　　　　　　　　　(点选横点画线)

选择对象:　　　　　　　　　　　　　　　　　　　　　　　　　　　(回车，结束选择)

指定基点或 [位移(D)] <位移>:　　　　　　　　　　　　　　　(捕捉六边形的左端点)

指定第二个点或 <使用第一个点作为位移>:　　　　　　　　　(捕捉六边形的右端点)

4.3.7 "旋转"命令

"旋转"命令用于绕指定点旋转选定的图形对象或旋转且复制选定的图形对象。

1．操作方法

(1) 单击"修改"工具栏上的"旋转"按钮 。

(2) 单击下拉菜单"修改"→"旋转"命令。

(3) 在命令行输入"rotate"并按"Enter"键。

2．操作说明

命令: rotate↙　　　　　　　　　　　　　　　　　　　　　　　　　　　　　(执行命令)

UCS 当前的正角方向: ANGDIR=逆时针 ANGBASE=0　　　　　　　　　　　(信息行)

选择对象:　　　　　　　　　　　　　　　　　　　　　　　　　　(选择要旋转的对象)

选择对象:　　　　　　　　　　　　　　　　　　　　　　　　　　　(回车，结束选择)

指定基点:　　　　　　　　　　　　　　　　　　　　　　　　　　(指定旋转中心点)

指定旋转角度，或 [复制(C)/参照(R)] <0>:　　　　　　　　(输入角度、选项或确认缺省项)

(1) 旋转角度：决定选定对象绕基点(即旋转中心)旋转的角度。

(2) 复制：旋转且复制要旋转的选定对象。

3．应用举例

1) 旋转对象操作

用"旋转"命令将如图 4.13(1)所示图形修改为如图 4.13(2)所示的结果。其中打开"对象捕捉"并设置"交点"捕捉模式。

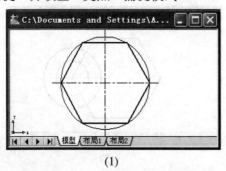 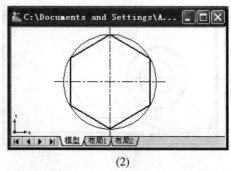

　　　　　　(1)　　　　　　　　　　　　　　　　(2)

图 4.13　　"旋转"命令练习图例(1)

命令: rotate✓	(执行命令)
UCS 当前的正角方向：ANGDIR=逆时针　ANGBASE=0	(信息行)
选择对象: 找到 1 个	(点选六边形)
选择对象:	(回车，结束选择)
指定基点:	(捕捉横竖点画线的交点)
指定旋转角度，或 [复制(C)/参照(R)] <270>: 90✓	输入 90，回车结束命令)

2) 旋转且复制对象操作

用"旋转"命令将如图 4.14(1)所示图形修改为如图 4.14(2)所示的结果。其中打开"对象追踪"、"对象捕捉"并设置"象限点"捕捉模式。

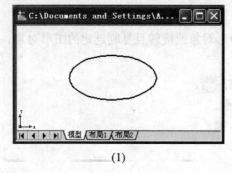 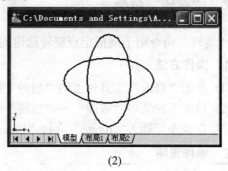

　　　　　　(1)　　　　　　　　　　　　　　　　(2)

图 4.14　　"旋转"命令练习图例(2)

命令: rotate✓	(执行命令)
UCS 当前的正角方向：ANGDIR=逆时针　ANGBASE=0	(信息行)
选择对象: 找到 1 个	(点选椭圆)
选择对象:	(回车，结束选择)
指定基点:	(捕捉椭圆的几何中心)
指定旋转角度，或 [复制(C)/参照(R)] <90>: c	(输入选项 c，回车结束命令)

旋转一组选定对象。 (信息行)

指定旋转角度，或 [复制(C)/参照(R)] <270>:　90↙ (输入 90，回车结束命令)

4.3.8　"缩放"命令

"缩放"命令用于将对象按统一比例放大或缩小。

要缩放对象，需要指定基点和比例因子。比例因子大于 1 时将放大对象。比例因子介于 0 和 1 之间时将缩小对象。

1．操作方法

(1) 单击"修改"工具栏上的"缩放"按钮。

(2) 单击下拉菜单"修改"→"缩放"命令。

(3) 在命令行输入"scale"并按"Enter"键。

2．操作说明

命令: scale↙ (执行命令)

选择对象: (选择要缩放的对象)

选择对象: (回车，结束选择)

指定基点: (指定基准点)

指定比例因子或 [复制(C)/参照(R)] <1>: (输入比例因子、选项或确认缺省项)

(1) 比例因子：按指定的比例缩放选定对象的尺寸。大于 1 的比例因子使对象放大，介于 0 和 1 之间的比例因子使对象缩小。还可以拖动光标使对象变大或变小。

(2) 复制：创建并缩放选定对象。

3．应用举例

用"缩放"命令将如图 4.15(1)所示图形修改为如图 4.15(2)所示的结果。其中打开"对象捕捉"并设置"象限点"捕捉模式。

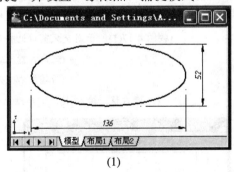 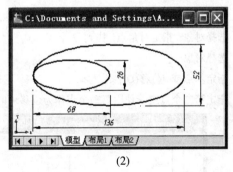

　　　(1)　　　　　　　　　　　　　　　　(2)

图 4.15　"缩放"命令练习图例

命令: scale↙ (执行命令)

选择对象: 找到 1 个 (点选椭圆)

选择对象: (回车，结束选择)

指定基点: (捕捉椭圆的左象限点)

指定比例因子或 [复制(C)/参照(R)] <1>:　c (输入选项 c，回车)

缩放一组选定对象。　　　　　　　　　　　　　　　　　　　　　　　　　　（信息行）

指定比例因子或 [复制(C)/参照(R)] <1>:　0.5↙　　　　　　　　　（输入 0.5，回车结束命令）

4.3.9 "拉伸"命令

"拉伸"命令用于重新定位对象的端点。

该命令仅移动位于交叉选择内的端点，不改变位于交叉选择之外端点的位置。因此对交叉窗口部分包围的对象进行拉伸，对完全包含在交叉窗口中的对象或单独选定的对象进行移动。

1. 操作方法

(1) 单击"修改"工具栏上的"拉伸"按钮 。

(2) 单击下拉菜单"修改"→"拉伸"命令。

(3) 在命令行输入"stretch"并按"Enter"键。

2. 操作说明

命令: stretch↙　　　　　　　　　　　　　　　　　　　　　　　　　（执行命令）

以交叉窗口或交叉多边形选择要拉伸的对象...　　　　　　　　　　　　　（信息行）

选择对象:　　　　　　　　　　　　　　　　　　　　　　　（用交叉窗口选择对象）

选择对象:　　　　　　　　　　　　　　　　　　　　　　　　（回车，结束选择）

指定基点或 [位移(D)] <位移>:　　　　　　　　　　　　（指定基准点或输入选项）

指定第二个点或 <使用第一个点作为位移>:　　　　　　　　　　（指定新位置点）

3. 应用举例

用"拉伸"命令将如图 4.16(1)所示图形修改为如图 4.16(2)所示的结果。其中打开"对象追踪"、"对象捕捉"并设置"端点"捕捉模式。

命令: stretch↙　　　　　　　　　　　　　　　　　　　　　　　　　（执行命令）

以交叉窗口或交叉多边形选择要拉伸的对象...　　　　　　　　　　　　　（信息行）

选择对象: 指定对角点: 找到 2 个　　　　　　　（按图 4.17(1)所示用交叉窗口选择对象）

选择对象:　　　　　　　　　　　　　　　　　　　　　　　　（回车，结束选择）

指定基点或 [位移(D)] <位移>:　　　　　　　　　　　　　　　（捕捉右下端点）

指定第二个点或 <使用第一个点作为位移>:46↙　　　（光标右移，输入 46，回车结束命令）

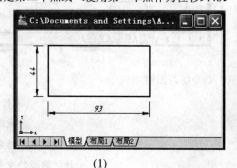
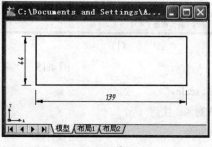

(1)　　　　　　　　　　　　　　　　　　　　(2)

图 4.16　"拉伸"命令练习图例

特别注意：在使用"拉伸"命令时，若全部选择对象，结果则是移动对象；若部分选择对象，结果则是拉伸对象。如本例若按照图 4.17(2)所示选择对象，则将整个图形的位置向右移动 46，图形的大小不变。

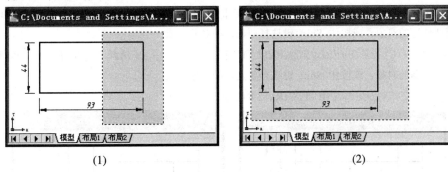

(1)   (2)

图 4.17   "拉伸"命令中对象的选择

4.3.10 "修剪"命令

"修剪"命令用于以选定的边界为界精确地剪切对象。如果未指定边界并在"选择对象"提示下按"Enter"键，则所有显示的对象都将成为选定边界。

1．操作方法

(1) 单击"修改"工具栏上的"修剪"按钮 ╱-- 。

(2) 单击下拉菜单"修改"→"修剪"命令。

(3) 在命令行输入"trim"并按"Enter"键。

2．操作说明

命令: trim↙   (执行命令)

当前设置:投影=UCS，边=无   (信息行)

选择剪切边...   (信息行)

选择对象或 <全部选择>:   (选择修剪边界)

选择对象: (回车，结束选择)

选择要修剪的对象，或按住 Shift 键选择要延伸的对象，或[栏选(F)/窗交(C)/

投影(P)/边(E)/删除(R)/放弃(U)]:   (点选修剪对象或输入选项)

3．应用举例

用"拉伸"命令将如图 4.18(1)所示图形修改为如图 4.18(2)所示的结果。

命令: trim↙   (执行命令)

当前设置:投影=UCS，边=无   (信息行)

选择剪切边...   (信息行)

选择对象或 <全部选择>: 指定对角点: 找到 4 个   (窗交方式选择矩形内四条直线)

选择对象: (回车，结束选择)

选择要修剪的对象，或按住 Shift 键选择要延伸的对象，或

[栏选(F)/窗交(C)/投影(P)/边(E)/删除(R)/放弃(U)]:   (点选矩形内四条直线左侧线上端)

选择要修剪的对象，或按住 Shift 键选择要延伸的对象，或

[栏选(F)/窗交(C)/投影(P)/边(E)/删除(R)/放弃(U)]:　　　　　(点选矩形内四条直线右侧线下端)

选择要修剪的对象，或按住 Shift 键选择要延伸的对象，或

[栏选(F)/窗交(C)/投影(P)/边(E)/删除(R)/放弃(U)]:　　　　　(点选矩形内四条直线上侧线右端)

选择要修剪的对象，或按住 Shift 键选择要延伸的对象，或

[栏选(F)/窗交(C)/投影(P)/边(E)/删除(R)/放弃(U)]:　　　　　(点选矩形内四条直线下侧线左端)

选择要修剪的对象，或按住 Shift 键选择要延伸的对象，或

[栏选(F)/窗交(C)/投影(P)/边(E)/删除(R)/放弃(U)]:　　　　　　　(回车，结束命令)

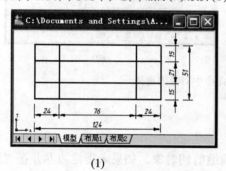
(1)
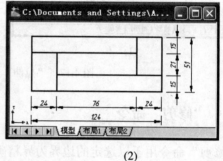
(2)

图 4.18　"修剪"命令练习图例

4.3.11 "延伸"命令

"延伸"命令用于将对象精确地延伸至选定的边界边。

特别注意：操作时按住"Shift"键，"延伸"命令将会切换为"修剪"命令，并具有修剪对象的功能。

1．操作方法

(1) 单击"修改"工具栏上的"延伸"按钮 ⌐⁄ 。

(2) 单击下拉菜单"修改"→"延伸"命令。

(3) 在命令行输入"extend"并按"Enter"键。

2．操作说明

命令: extend↙　　　　　　　　　　　　　　　　　　　　　　　(执行命令)

当前设置:投影=UCS，边=无　　　　　　　　　　　　　　　　　(信息行)

选择边界的边...　　　　　　　　　　　　　　　　　　　　　　(信息行)

选择对象或 <全部选择>:　　　　　　　　　　　　　　　　　　(选择延伸边界)

选择对象:　　　　　　　　　　　　　　　　　　　　　　　(回车，结束选择)

选择要延伸的对象，或按住 Shift 键选择要修剪的对象，或[栏选(F)/窗交(C)/ 投影(P)/边(E)/放弃(U)]:

　　　　　　　　　　　　　　　　　　　　　　　　　(点选延伸对象或输入选项)

(1) 选择对象：选定对象来定义对象延伸到的边界。

(2) 要延伸的对象：指定要延伸的对象，按"Enter"键结束命令。

(3) 按住"Shift"键选择要修剪的对象：将选定对象修剪到最近的边界而不是将其延伸。这是在修剪和延伸之间切换的简便方法。

(4) 栏选：选择与选择栏相交的所有对象。选择栏是一系列临时线段，它们是用两个或多个栏选点指定的。选择栏不应构成闭合环。

(5) 窗交：选择矩形区域(由两点确定)内部或与之相交的对象。

(6) 边：将对象延伸到另一个对象的隐含边，或仅延伸到三维空间中与其实际相交的对象。

(7) 放弃：放弃最近由"延伸"命令所做的修改。

3．应用举例

用"延伸"命令将如图 4.19(1)所示图形修改为如图 4.19(2)所示的结果。

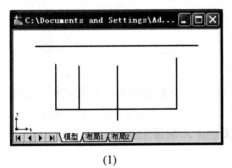
(1)

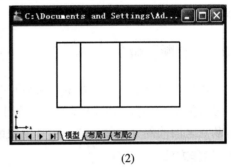
(2)

图 4-19 "延伸"命令练习图例

命令: extend✓ (执行命令)

当前设置:投影=UCS，边=无 (信息行)

选择边界的边... (信息行)

选择对象或 <全部选择>:✓ (回车，执行缺省项)

选择要延伸的对象，或按住 Shift 键选择要修剪的对象，或[栏选(F)/ 窗交(C)/投影(P)/边(E)/放弃(U)]: f✓
(输入选项 f，回车)

指定第一个栏选点: (在上横线以下，左竖线以左定左栏选点)

指定下一个栏选点或 [放弃(U)]: (在上横线以下，右竖线以右定右栏选点)

指定下一个栏选点或 [放弃(U)]: ✓ (回车，四条竖线完成延伸)

选择要延伸的对象，或按住 Shift 键选择要修剪的对象，或[栏选(F)/窗交(C)/投影(P)/边(E)/放弃(U)]:
(按住 Shift 键，点选上横线左伸出端)

选择要延伸的对象，或按住 Shift 键选择要修剪的对象，或[栏选(F)/窗交(C)/投影(P)/边(E)/放弃(U)]:
(按住 Shift 键，点选上横线右伸出端)

选择要延伸的对象，或按住 Shift 键选择要修剪的对象，或[栏选(F)/窗交(C)/投影(P)/边(E)/放弃(U)]:
(按住 Shift 键，点选中间竖线下伸出端)

选择要延伸的对象，或按住 Shift 键选择要修剪的对象，或[栏选(F)/窗交(C)/投影(P)/边(E)/放弃(U)]: ✓
(回车，结束命令)

4.3.12 "打断于点"命令

"打断于点"命令用于将一个对象打断为两个对象，对象之间没有间隙，外观没有任何变化。

1. 操作方法

(1) 单击"修改"工具栏上的"打断于点"按钮 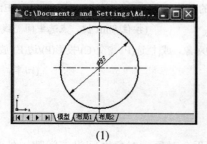。

(2) 在命令行输入"break"并按"Enter"键。

2. 操作说明

命令: break ↙   (执行命令)

选择对象: (点选打断对象)

指定第二个打断点 或 [第一点(F)]: _f   (信息行)

指定第一个打断点: (点选打断位置)

指定第二个打断点: @   (信息行)

4.3.13 "打断"命令

"打断"命令用于将一个对象打断为两个对象。对象被打断后,对象之间可以有间隙,也可以没有间隙(这时,实际上就是"打断于点"命令)。当对象之间有间隙时,实际默认将两打断点之间的部分删除,通常用于为块或文字插入创建空间。

1. 操作方法

(1) 单击"修改"工具栏上的"打断"按钮。

(2) 单击下拉菜单"修改"→"打断"命令。

(3) 在命令行输入"break"并按"Enter"键。

2. 操作说明

命令: break ↙   (执行命令)

选择对象: (点选打断对象或指定第一打断点)

指定第二个打断点 或 [第一点(F)]:   (指定第二打断点或输入选项)

(1) 第二个打断点:指定打断对象的第二个点。

(2) 第一点:用指定的新点替换原来的第一个打断点。

3. 应用举例

用"打断"命令将如图 4.20(1)所示图形修改为如图 4.20(2)所示的结果。

命令: break ↙   (执行命令)

选择对象: (在竖点画线尺寸数值上侧适当位置点击)

指定第二个打断点 或 [第一点(F)]:   (在竖点画线尺寸数值下侧适当位置点击)

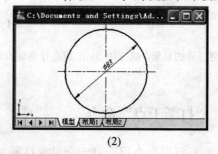

(1)   (2)

图 4.20   "打断"命令练习图例

4.3.14 "合并"命令

"合并"命令用于将相似的多个对象合并为一个对象。该命令可以将圆弧或椭圆弧创建成完整的圆或椭圆。可以合并的对象有：圆弧、椭圆弧、直线、多段线、样条曲线。

对于要合并的直线对象，必须实际处于共线位置；对于要合并的圆弧对象，必须位于同一假想的圆上。

"闭合"选项可将圆弧转换成圆；或将椭圆弧转换为椭圆。

1．操作方法

(1) 单击"修改"工具栏上的"合并"按钮✛。

(2) 单击下拉菜单"修改"→"合并"命令。

(3) 在命令行输入"join"并按"Enter"键。

2．操作说明

命令: join ✓	(执行命令)
选择源对象:	(点选合并的目标对象)
选择要合并到源的直线:	(点选与目标对象要合并的对象)
选择要合并到源的直线:	(回车，结束命令)

3．应用举例

用"合并"命令将如图 4.21(1)所示图形修改为如图 4.21(2)所示的结果。

命令: join ✓	(执行命令)
选择源对象:	(点选左侧直线)
选择要合并到源的直线:　找到 1 个	(点选中间直线)
选择要合并到源的直线:　找到 1 个，总计 2 个	(点选右侧直线)
选择要合并到源的直线:	(回车，结束命令)
已将 2 条直线合并到源	(信息行)
命令: join ✓	(回车，再次执行"合并"命令)
选择源对象:	(点选椭圆弧)
选择椭圆弧，以合并到源或进行 [闭合(L)]: l ✓	(输入 l，回车结束命令)
已将椭圆弧转换为椭圆。	(信息行)

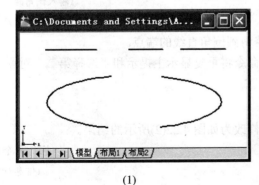
(1)

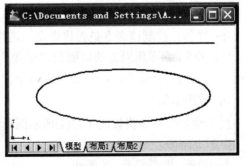
(2)

图 4.21　"合并"命令练习图例

4.3.15   "倒角"命令

"倒角"命令用于将两个对象用与之倾斜的直线连接起来。该命令通常用于表示角点上的倒角边。可以倒角的对象有：直线、多段线、射线、构造线等。

如果要被倒角的两个对象都在同一图层，则倒角线将位于该图层。否则，倒角线将位于当前图层上。该图层将影响对象的颜色和线型等特性。

1．操作方法

(1) 单击"修改"工具栏上的"倒角"按钮 ⬛ 。

(2) 单击下拉菜单"修改"→"倒角"命令。

(3) 在命令行输入"chamfer"并按"Enter"键。

2．操作说明

命令: chamfer↙   (执行命令)

当前设置：模式=修剪，距离=0   (信息行)

选择第一条直线或 [放弃(U)/多段线(P)/距离(D)/角度(A)/修剪(T)/方式(E)/多个(M)]:

(点选第一条直线或输入选项)

选择第二条直线，或按住 Shift 键选择要应用角点的直线: (点选第二条直线)

(1) 第一条直线：指定二维倒角所需的两条边中的第一条边或要倒角的三维实体的边。

(2) 放弃：恢复在命令中执行的上一个操作。

(3) 多段线：对整个二维多段线倒角。相交多段线线段在每个多段线顶点被倒角时，倒角成为多段线的新线段。如果多段线包含的线段过短以至于无法容纳倒角距离，则不对这些线段倒角。

(4) 距离：设置倒角至选定边端点的距离。先选择的对象按第一个倒角距离进行倒角，后选择的对象按第二个倒角距离进行倒角。如果将两个距离均设置为零，"倒角"命令将延伸或修剪两条直线，以使它们终止于同一点。输入选项"d"后，命令行提示：

指定第一个倒角距离〈当前〉:   (输入倒角距离)

指定第二个倒角距离〈当前〉:   (输入倒角距离)

(5) 角度：用第一条线的倒角距离和第二条线的角度设置倒角距离。

指定第一条直线的倒角距离〈当前〉:   (输入倒角距离)

指定第一条直线的倒角角度〈当前〉:   (输入倒角角度)

(6) 修剪：控制该命令是否将选定的边修剪到倒角直线的端点。

(7) 多个：为多组对象的边倒角。"倒角"命令将重复显示主提示和"选择第二个对象"的提示，直到用户按"Enter"键结束命令。

3．应用举例

用"倒角"命令将如图 4.22(1)所示图形修改为如图 4.22(2)所示的结果。

命令: chamfer↙   (执行命令)

当前设置：模式=修剪，距离=0   (信息行)

选择第一条直线或 [放弃(U)/多段线(P)/距离(D)/角度(A)/修剪(T)/方式(E)/多个(M)]: d↙

(输入选项 d，回车)

指定第一个倒角距离 <0>: 36✓ (输入 36，回车)

指定第二个倒角距离 <36>:✓ (回车)

选择第一条直线或 [放弃(U)/多段线(P)/距离(D)/角度(A)/修剪(T)/方式(E)/多个(M)]: m

(输入选项 m，回车)

选择第一条直线或 [放弃(U)/多段线(P)/距离(D)/角度(A)/修剪(T)/方式(E)/多个(M)]:

(点选左侧竖线)

选择第二条直线，或按住 Shift 键选择要应用角点的直线: (点选上侧横线)

选择第一条直线或 [放弃(U)/多段线(P)/距离(D)/角度(A)/修剪(T)/方式(E)/多个(M)]:

(点选右侧竖线)

选择第二条直线，或按住 Shift 键选择要应用角点的直线: (点选下侧横线)

选择第一条直线或 [放弃(U)/多段线(P)/距离(D)/角度(A)/修剪(T)/方式(E)/多个(M)]: ✓

(回车，结束命令)

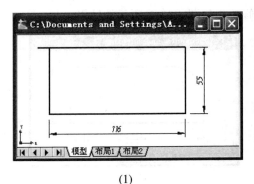
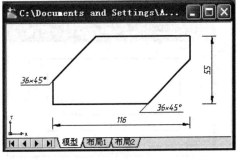

(1)   (2)

图 4.22 "倒角"命令练习图例

4.3.16 "圆角"命令

"圆角"命令用于将两个对象用与其相切并且具有指定半径的圆弧连接起来。使用单个命令便可以为多段线的所有角点加圆角。

如果要进行圆角的两个对象位于同一图层上，那么将在该图层创建圆角弧；否则，将在当前图层创建圆角弧。该图层将影响对象的颜色和线型等特性。

1. 操作方法

(1) 单击"修改"工具栏上的"圆角"按钮 。

(2) 单击下拉菜单"修改"→"圆角"命令。

(3) 在命令行中输入"fillet"并按"Enter"键。

2. 操作说明

命令: fillet✓ (执行命令)

当前设置: 模式 = 修剪，半径 = 0 (信息行)

选择第一个对象或 [放弃(U)/多段线(P)/半径(R)/修剪(T)/多个(M)]: (点选第一条直线或输入选项)

选择第二个对象，或按住 Shift 键选择要应用角点的对象: (点选第二条直线)

(1) 第一个对象：选择二维圆角所需的两个对象中的第一个对象，或选择三维实体的边以便给其加圆角。

(2) 放弃：恢复在命令中执行的上一个操作。

(3) 多段线：在二维多段线中两条线段相交的每个顶点处插入圆角弧。

(4) 半径：定义圆角弧的半径。输入的值将成为后续"圆角"命令的当前半径。输入选项"r"后，命令行提示：

指定圆角半径 <当前>：   （输入半径）

(5) 修剪：控制是否将选定的边修剪到圆角弧的端点。

(6) 多个：给多个对象集加圆角。"圆角"命令将重复显示主提示和"选择第二个对象"提示，直到用户按"Enter"键结束该命令。

3. 应用举例

用"圆角"命令将如图 4.23(1)所示图形修改为如图 4.23(2)所示的结果。

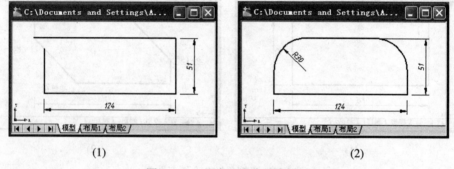

| (1)| (2)|

图 4.23   "圆角"命令练习图例

命令: fillet↙   （执行命令）

当前设置: 模式 = 修剪，半径 = 0   （信息行）

选择第一个对象或 [放弃(U)/多段线(P)/半径(R)/修剪(T)/多个(M)]: r↙   （输入 r，回车）

指定圆角半径 <0>: 30↙   （输入 30，回车）

选择第一个对象或 [放弃(U)/多段线(P)/半径(R)/修剪(T)/多个(M)]: m↙   （输入选项 m，回车）

选择第一个对象或 [放弃(U)/多段线(P)/半径(R)/修剪(T)/多个(M)]:   （点选左侧竖线上端）

选择第二个对象，或按住 Shift 键选择要应用角点的对象: （点选上侧横线左端）

选择第一个对象或 [放弃(U)/多段线(P)/半径(R)/修剪(T)/多个(M)]:   （点选右侧竖线上端）

选择第二个对象，或按住 Shift 键选择要应用角点的对象: （点选上侧横线右端）

选择第一个对象或 [放弃(U)/多段线(P)/半径(R)/修剪(T)/多个(M)]: ↙   （回车，结束命令）

4.3.17 "分解"命令

"分解"命令用于将合成对象分解为其部件对象，譬如将"矩形"命令绘制的矩形分解为四段直线段。

对象分解后，其颜色、线型和线宽都可能会改变；改变结果根据分解的合成对象类型的不同而有所不同。各类对象分解后的情况如下：

块：一次删除一个编组级。如果一个块包含一个多段线或嵌套块，那么对该块的分解就首先显露出该多段线或嵌套块，然后再分别分解该块中的各个对象。

引线：根据引线的不同，可分解成直线、样条曲线、实体(箭头)、块插入(箭头、注释块)、多行文字或公差对象。

多线：分解成直线和圆弧。

三维实体：将平面分解成面域，将非平面的面分解成曲面。

多行文字：分解成文字对象。

二维和优化多段线：放弃所有关联的宽度或切线信息。对于宽多段线，将沿多段线中心显示结果。

1．操作方法

(1) 单击"修改"工具栏上的"分解"按钮 。

(2) 单击下拉菜单"修改"→"分解"命令。

(3) 在命令行输入"explode"并按"Enter"键。

2．操作说明

命令: explode↙   (执行命令)

选择对象: (选择分解对象)

选择对象: (回车，结束命令)

4.3.18 "放弃"命令

"放弃"命令用于从后向前依次撤消上一次的操作。

注意："放弃"命令对一些命令和系统变量无效，包括用以打开、关闭或保存窗口或图形、显示信息、更改图形显示、重生成图形或以不同格式输出图形的命令及系统变量。

1．操作方法

(1) 单击"标准"工具栏上的"放弃"按钮 。

(2) 在命令行输入"undo"并按"Enter"键。

2．操作说明

命令:undo↙   (执行命令)

当前设置: 自动 = 开，控制 = 全部，合并 = 是   (信息行)

输入要放弃的操作数目或 [自动(A)/控制(C)/开始(BE)/结束(E)/标记(M)/后退(B)] <1>:

(输入要放弃的操作数目或选项)

(1) 数目：放弃指定以前的操作数目。效果与多次输入 u 相同。

(2) 自动：将单个命令的操作编组，从而可以使用单个"U"命令放弃这些操作。如果"自动"选项设置为开，则启动一个命令将对所有操作进行编组，直到退出该命令。可以将操作组当作一个操作放弃。如果"控制"选项关闭或者限制了"放弃"命令的功能，"放弃"命令的"自动"选项将不可用。

(3) 控制：限制或关闭"放弃"命令。

(4) 开始、结束：将一系列操作编组为一个集合。输入"开始"选项后，所有后续操作都将成为此集合的一部分，直至使用"结束"选项。

(5) 标记：在放弃信息中放置标记。

(6) 后退：放弃直到标记为止所做的全部工作。如果一次放弃一个操作，到达该标记时程序会给出通知。

4.3.19 "重做"命令

"重做"命令用于恢复上一个用"放弃"命令或"U"命令放弃的操作。

注意："重做"命令必须紧跟随在"U"或"放弃"命令之后操作。

1．操作方法

(1) 单击"标准"工具栏上的"放弃"按钮 ↻。

(2) 在命令行输入"mredo"并按"Enter"键。

2．操作说明

命令: mredo ↙　　　　　　　　　　　　　　　　　　　　　　(执行命令)

输入动作数目或 [全部(A)/上一个(L)]:　　　　　　　　(输入要重做的操作数目或选项)

(1) 全部：恢复全部用"放弃"命令或"U"命令放弃的操作。

(2) 上一个：恢复上一个用"放弃"命令或"U"命令放弃的操作。

4.3.20 "特性匹配"命令

"特性匹配"命令用于将一个对象的某些或所有特性复制到其他对象。

"特性匹配"命令可以复制的特性类型包括：颜色、图层、线型、线型比例、线宽、打印样式和三维厚度。

默认情况下，所有可应用的特性都自动地从选定的第一个对象(即源对象)复制到其他对象。如果不希望复制特定的特性，须使用"设置"选项禁止复制该特性。可以在执行该命令的过程中随时选择"设置"选项。

1．操作方法

(1) 单击"标准"工具栏上的"特性匹配"按钮 ▨。

(2) 单击下拉菜单"修改"→"特性匹配"命令。

(3) 在命令行输入"matchprop"并按"Enter"键。

2．操作说明

命令: matchprop ↙　　　　　　　　　　　　　　　　　　　　(执行命令)

选择源对象:　　　　　　　　　　　　　　　　　　　　　　　(点选源对象)

当前活动设置: 颜色 图层 线型 线型比例 线宽 厚度 打印样式 标注 文字 填充图案 多段线 视口 表格材质 阴影显示　　　　　　　　　　　　　　　　　(信息行)

选择目标对象或 [设置(S)]:　　　　　　　　　　　　　　　　(选择目标对象)

(1) 目标对象：指定要将源对象的特性复制到其上的对象。可以继续选择目标对象或按"Enter"键应用特性并结束该命令。

(2) 设置：显示"特性设置"对话框，如图 4.24 所示；从中可以控制要将哪些对象特性复制到目标对象。默认情况下,将会对"特性设置"对话框中的所有对象特性进行复制。

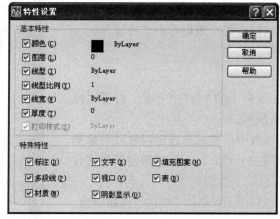

图 4.24 "特性设置"对话框

3. 应用举例

用"特性匹配"命令将如图 4.25(1)所示图形修改为如图 4.25(2)所示的结果。

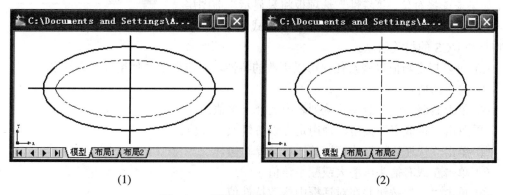

(1)   (2)

图 4.25 "特性匹配"命令练习图例

命令: matchprop↙   (执行命令)

选择源对象: (点选小椭圆)

当前活动设置: 颜色 图层 线型 线型比例 线宽 厚度 打印样式 标注 文字 填充图案 多段线 视口 表格材质 阴影显示   (信息行)

选择目标对象或 [设置(S)]:   (点选横向直线段)

选择目标对象或 [设置(S)]:   (点选竖向直线段)

选择目标对象或 [设置(S)]:   (回车,结束命令)

4.3.21 "对象特性"命令

"对象特性"命令用于打开"特性"选项板。该选项板列出了选定对象或对象集的当前特性,可以通过指定新值修改相关的特性。

1. 操作方法

(1) 单击"标准"工具栏上的"特性"按钮 。

(2) 单击下拉菜单 "修改" → "对象特性" 命令。

(3) 在命令行输入 "properties" 并按 "Enter" 键。

(4) 在绘图区单击鼠标右键，然后单击 "特性"。

(5) 双击选定的对象。

2．操作说明

(1) 单击 "标准" 工具栏上的 "特性" 按钮，打开 "特性" 选项板，如图 4.26 所示。

(2) 在 "特性" 选项板中，显示出选定对象或对象集的当前特性。如要修改某些特性，可以通过指定新值进行修改；确定后，对象特性随之改变。

(3) 完成特性显示或修改后，单击 "关闭" 按钮退出。

3．"特性" 选项板

(1) 显示选定对象或对象集的特性。选择多个对象时，"特性" 选项板只显示选择集中所有对象的公共特性。如果未选择对象，"特性" 选项板将只显示当前图层和布局的基本特性、附着在图层上的打印样式表名称、视图特性和 UCS 的相关信息。

图 4.26　"特性" 选项板

(2) 可以指定新值以修改任何可以更改的特性。单击该值并使用以下方法之一：

① 输入新值。

② 单击右侧的向下箭头并从列表中选择一个值。

③ 单击 "拾取点" 按钮，使用定点设备修改坐标值。

④ 单击 "快速计算" 计算器按钮可计算新值。

⑤ 单击左或右箭头可增大或减小该值。

⑥ 单击 "…" 按钮并在对话框中修改特性值。

4．应用举例

利用 "对象特性" 命令查阅如图 4.27 所示大椭圆的圆心坐标、长轴半径、短轴半径；并利用 "特性" 选项板将其修改为如图 4.28 大椭圆所示的 "0.80 毫米" 线宽，其他不变。

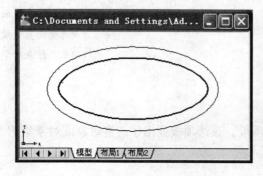

图 4.27　"对象特性" 命令练习图例(1)

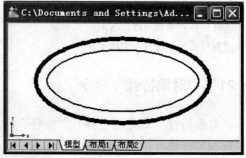

图 4.28　"对象特性" 命令练习图例(2)

操作如下：

(1) 点选大椭圆。

(2) 单击"标准"工具栏上的"对象特性"命令按钮，打开"特性"选项板，点击"几何图形"列表并向上拖移，如图 4.29 所示。从图可知所选椭圆的圆心坐标为"210，150"、长轴半径为 237、短轴半径 112。

(3) 单击"线宽"列表框右侧的向下箭头，并从中选择"0.80 毫米"，如图 4.30 所示；这时，绘图区的大椭圆已变宽。

(4) 单击"特性"选项板左上角的"关闭"按钮，关闭选项板。

(5) 按"Esc"键，退出对大椭圆的选择，结果如图 4.28 所示。

图 4.29 查看特性

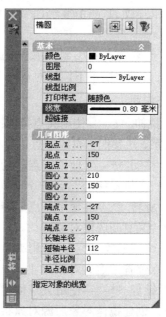

图 4.30 修改特性

4.3.22 "夹点"编辑

"夹点"编辑是指在"热夹点"状态下，利用夹点直接而快速地编辑对象。可进行的编辑操作有：拉伸、移动、旋转、缩放和镜像。

在未执行命令的情况下，使用鼠标指定对象，对象关键点上将出现一些小方框，这就是夹点。默认状态下，夹点的颜色为蓝色，称为"冷夹点"；如果再次点击对象的某个夹点，则这个夹点变为红色，称为"热夹点"。

1．操作方法

(1) 选择要编辑的对象。

(2) 在选定对象上，通过单击某个夹点使其成为"热夹点"；这时命令行出现提示：

** 拉伸 **

指定拉伸点或 [基点(B)/复制(C)/放弃(U)/退出(X)]:

此时，就可以对选定对象进行拉伸编辑。若不进行拉伸编辑，可按空格键或"Enter"

键，命令行将出现下一条操作提示；连续按空格键或"Enter"键，操作提示将在下列五种操作中不断循环：

** 拉伸 **

指定拉伸点或 [基点(B)/复制(C)/放弃(U)/退出(X)]：

** 移动 **

指定移动点或 [基点(B)/复制(C)/放弃(U)/退出(X)]：

** 旋转 **

指定旋转角度或 [基点(B)/复制(C)/放弃(U)/参照(R)/退出(X)]：

** 比例缩放 **

指定比例因子或 [基点(B)/复制(C)/放弃(U)/参照(R)/退出(X)]：

** 镜像 **

指定第二点或 [基点(B)/复制(C)/放弃(U)/退出(X)]：

(3) 在某条操作提示下，可对选定对象进行相应的编辑操作。

2．操作说明

(1) ** 拉伸 **——使用夹点拉伸：通过将选定夹点移动到新位置来拉伸对象。但是，对于处于文字、块参照、直线中点、圆心和点对象上的夹点，将对其进行移动而不是拉伸。

(2) ** 移动 **——使用夹点移动：通过选定的夹点移动对象。选定的对象被亮显并按指定的下一点位置移动一定的方向和距离。

(3) ** 旋转 **——使用夹点旋转：通过拖动和指定点位置来绕基点旋转选定对象，也可以既旋转又复制选定对象。

(4) ** 比例缩放 **——使用夹点缩放：相对于基点缩放选定对象。通过从基点向外拖动并指定点位置来增大对象尺寸，或通过向内拖动减小尺寸。

(5) ** 镜像 **——使用夹点创建镜像：沿临时镜像线为选定对象创建镜像。但是，默认状况下，创建镜像对象后源对象将会被删除。

(6) 夹点的取消：按一次"Esc"键，从"热夹点"状态回到"冷夹点"；连续按两次"Esc"键，则取消夹点。

3．应用举例

利用"夹点"编辑将如图 4.31(1)所示图形修改为如图 4.31(2)所示的结果。其中：图 4.31(2)中的小矩形分别是最大矩形的 0.8、0.6、0.4 倍。

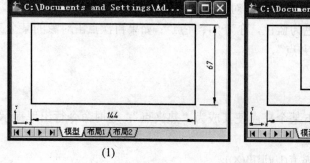
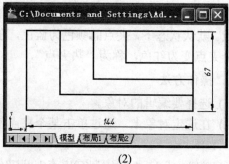

(1)   (2)

图 4.31　"夹点"编辑练习图例

操作如下：

(1) 点选矩形，单击矩形右上角点的夹点使其成为"热夹点"。这时命令行出现提示：

** 拉伸 **

指定拉伸点或 [基点(B)/复制(C)/放弃(U)/退出(X)]:

(2) 连续按"Enter"键三次，这时命令行出现提示：

** 比例缩放 **

指定比例因子或 [基点(B)/复制(C)/放弃(U)/参照(R)/退出(X)]:

(3) 输入选项"c"并按"Enter"键，命令行出现提示：

** 比例缩放 (多重) **

指定比例因子或 [基点(B)/复制(C)/放弃(U)/参照(R)/退出(X)]: 0.8↙   (输入 0.8，回车)

** 比例缩放 (多重) **

指定比例因子或 [基点(B)/复制(C)/放弃(U)/参照(R)/退出(X)]: 0.6↙   (输入 0.6，回车)

** 比例缩放 (多重) **

指定比例因子或 [基点(B)/复制(C)/放弃(U)/参照(R)/退出(X)]: 0.4↙   (输入 0.4，回车)

** 比例缩放 (多重) **

指定比例因子或 [基点(B)/复制(C)/放弃(U)/参照(R)/退出(X)]:   (按"Esc"键退出热夹点)

** 比例缩放 (多重) **

指定旋转角度或 [基点(B)/复制(C)/放弃(U)/参照(R)/退出(X)]:   (按"Esc"键退出夹点)

4.4 课后练习

1. 单选题

(1) 执行删除命令时，最适合选择所有对象的方式是_____。

    (A) 点选方式   (B) 窗交方式

    (C) 全选方式   (D) 栏选方式

(2) 在进行修剪操作时，首先要定义修剪边界，如果没有选择任何对象，而是直接按"Enter"键，则_____。

    (A) 结束修剪命令   (B) 系统要求继续选择

    (C) 默认所有对象是剪切边   (D) 重新执行修剪命令

(3) 矩形阵列由_____确定阵列方向。

    (A) 行数和列数   (B) 行距和列距的正负

    (C) 对象的位置   (D) 行数和列数的正负

(4) 下列命令中将选定对象的特性应用到其他对象的是_____。

    (A) 阵列   (B) 复制   (C) 特性   (D) 特性匹配

(5) 在"特性"选项板中不能修改圆的_____。

    (A) 半径大小   (B) 圆心坐标   (C) 形状   (D) 线宽

(6) "夹点"编辑不可以_____。

    (A) 阵列对象   (B) 拉伸对象   (C) 移动对象   (D) 镜像对象

2. 思考题

(1) 窗口方式和窗交方式选择对象的区别是什么?

(2) "删除"、"修剪"和"打断"命令使用时有何不同?

(3) 环形阵列和矩形阵列方式适用对象有何不同?

(4) 已知对象旋转后的位置,但不知道旋转角度,可不可以旋转?

(5) 拉伸命令选择对象时应注意什么?

(6) 夹点编辑可以对对象进行哪些修改编辑?

3. 绘图题

(1) 根据所注尺寸,绘制如图 4.32 上机练习(1)所示图形。

● 绘图提示:用"直线"命令绘制横线;用"圆弧"命令绘制 R28 的圆弧;用"阵列"命令进行阵列。

(2) 根据所注尺寸,绘制如图 4.33 上机练习(2)所示图形。

● 绘图提示:用"直线"命令绘制菱形;用"阵列"命令进行阵列。

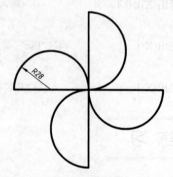

图 4.32　上机练习(1)

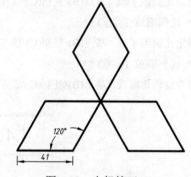

图 4.33　上机练习(2)

(3) 根据所注尺寸,绘制如图 4.34 上机练习(3)所示图形。

● 绘图提示:用"正多边形"命令绘制正六边形;用"复制"命令进行复制;用"直线"命令绘制外围直线段。

(4) 根据所注尺寸,绘制如图 4.35 上机练习(4)所示图形。

● 绘图提示:用"正多边形"命令绘制正六边形;用"直线"命令绘制正六边形内直线段;用"复制"命令进行复制。

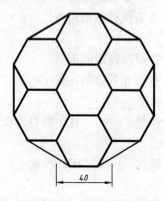

图 4.34　上机练习(3)

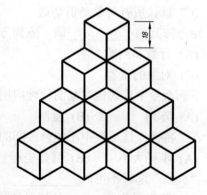

图 4.35　上机练习(4)

（5）根据所注尺寸，绘制如图 4.36 上机练习(5)所示图形。

● 绘图提示：

① 打开"极轴"（增量角 30°）、"对象追踪"、"对象捕捉"（设置"端点"、"中点"、"交点"捕捉模式）。

② 用"直线"命令绘制横竖点画线及斜线；用"圆心、半径"命令绘制 ⌀24 的圆及 R20、R35、R111 圆弧所在的圆；用"圆角"命令绘制 R10、R15、R5 的圆角。

③ 用"修剪"命令完成修剪；用"矩形"命令绘制中间的"0"型环并用"移动"命令将其移动到合适的位置。

（6）根据所注尺寸，绘制如图 4.37 上机练习(6)所示图形。

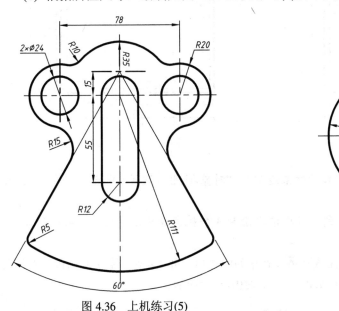
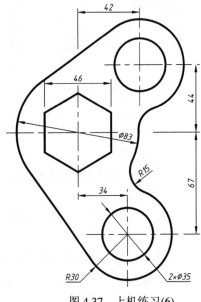

图 4.36　上机练习(5)　　　　　　　　　图 4.37　上机练习(6)

● 绘图提示：

① 打开"极轴"（增量角 90°）、"对象追踪"、"对象捕捉"（设置"切点"、"交点"捕捉模式）。

② 用"直线"命令绘制横竖点画线；用"圆心、半径"命令绘制 ⌀35、⌀83 的圆及 R30 圆弧所在的圆；用"圆角"命令绘制 R15 的两处圆角；用"直线"命令绘制切线。

③ 用"修剪"命令完成修剪；用"正多边形"命令绘制正六边形并用"旋转"命令将其旋转好位置。

（7）根据所注尺寸，绘制如图 4.38 上机练习(7)所示图形。

● 绘图提示：

① 打开"极轴"（增量角 90°）、"对象追踪"、"对象捕捉"（设置"中点"、"交点"、"端点"捕捉模式）。

② 用"直线"命令绘制大矩形；用点的"定数等分"命令将矩形四边等分成三份；用"直线"命令绘制中间横竖线。

③ 用"矩形"命令绘制矩形并用"直线"命令绘制其中的斜线；用"复制"命令进行复制。

(8) 根据所注尺寸，绘制如图 4.39 上机练习(8)所示图形。

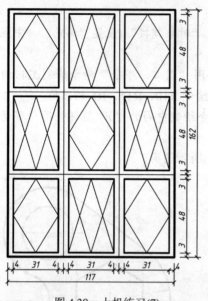
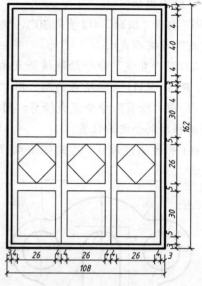

图 4.38　上机练习(7)　　　　　　　　　图 4.39　上机练习(8)

● 绘图提示：

① 打开"极轴"(增量角 90°)、"对象追踪"、"对象捕捉"(设置"中点"、"交点"、"端点"捕捉模式)。

② 用"矩形"命令按照从大到小顺序依次绘制 3 个粗实线的矩形及左侧第一列 4 个细实线矩形。

③ 用"直线"命令绘制中间竖线及第三行中的四边形；用"复制"命令复制出右侧两列。

(9) 根据所注尺寸，绘制如图 4.40 上机练习(9)所示图形。

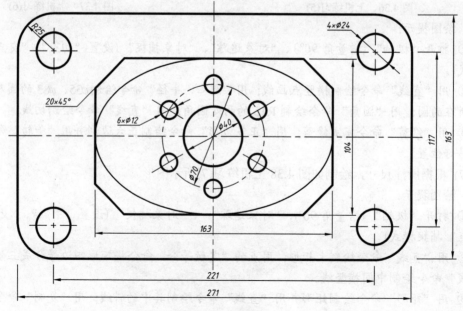

图 4.40　上机练习(9)

● 绘图提示：

① 打开"极轴"(增量角 90°)、"对象追踪"、"对象捕捉"(设置"中点"、"交点"、"圆心"捕捉模式)。

② 用到的命令依次为："矩形"命令、"直线"命令、"矩形"命令、"移动"命令、"椭圆"命令、"圆"命令、"阵列"命令。

第5章

块与图案填充

☞本章介绍了块与图案填充的相关知识，主要内容包括：块的创建、块的存储、块的插入、属性块的创建；图案填充命令的使用、填充图案的编辑等。

5.1　块　的　应　用

在设计图形时，如果图形中有大量相同或相似的内容，或者所绘制的图形与已有的图形文件相同，则可以把要重复绘制的图形创建成块；在需要时直接插入块，从而可以提高绘图效率。插入块对象不是简单地复制对象，用户可以根据需要为块创建属性，使用时根据需要改变设定的内容。

5.1.1　块的创建

块是一个或多个对象组成的集合。可以根据绘图需要，将块对象插入到图形中任意指定的位置；插入时还可以按照不同的比例和旋转角度进行变换。在 AutoCAD 中，块操作常用于绘制大量重复的图形。使用块操作可以提高绘图速度、节省存储空间。

1. 操作方法

(1) 单击"绘图"工具栏上的"创建块"按钮。

(2) 单击下拉菜单"绘图"→"块"→"创建"命令。

(3) 在命令行输入"block"并按"Enter"键。

2. 操作说明

(1) 单击"绘图"工具栏上的"创建块"按钮，打开"块定义"对话框，如图5.1所示。

(2) 在"块定义"对话框中，具体操作步骤如下：

① 命名块的名称：在"名称"列表框中按照"见名知意"原则输入要创建的块名称。

② 选择对象：单击"选择对象"按钮进入绘图区，按命令行的提示，选择要创建为块的对象；按"Enter"键结束选择，系统重新返回"块定义"对话框。

③ 确定基点：单击"拾取点"按钮进入绘图区，按命令行提示拾取要创建为块的对象

某一点作为基点，这时系统自动返回"块定义"对话框。

④ 完成创建：单击"确定"按钮，完成块的创建。

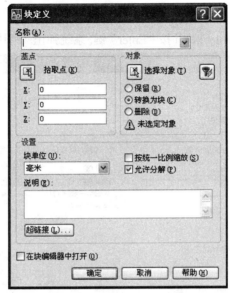

图 5.1　"块定义"对话框

3. "块定义"对话框

"块定义"对话框各组成部分的意义与作用如下：

(1) "名称"列表框：输入块的名称。名称最多可以包含 255 个字符，可以是字母、数字、空格，以及操作系统或程序未作他用的任何特殊字符。

(2) "拾取点"按钮：确定插入点，单击该按钮，系统暂时关闭对话框返回绘图区，以便用户能在当前图形中拾取插入基点。

(3) "X"、"Y"、"Z"文本框：分别指定插入基点的 X、Y、Z 坐标值。

(4) "选择对象"按钮：确定定义为块的对象。单击该按钮，系统暂时关闭"块定义"对话框，允许用户选择块对象。完成选择对象后，按"Enter"重新显示"块定义"对话框。

(5) "保留"、"转换为块"、"删除"单选钮：分别表示创建块以后，将选定对象保留在图形中、将选定对象转换成块或从图形中删除选定的对象。

(6) "按统一比例缩放"复选框：指定是否阻止块参照不按统一比例缩放。

(7) "允许分解"复选框：指定块参照是否可以被分解。

(8) "说明"文本框：指定块的文字说明。

(9) "在块编辑器中打开"复选框：单击"确定"按钮后，在块编辑器中打开当前的块定义。

特别注意："Block"命令创建的块，暂存于系统内存。当 AutoCAD 关闭后，用该命令定义的块将丢失。

5.1.2　块的存储

在 AutoCAD 2007 中，使用"Wblock"命令可以将块以文件的形式存盘。

1．操作方法

在命令行输入"wblock"并按"Enter"键。

2．操作说明

(1) 在命令行中输入 wblock，并按"Enter"键，系统弹出"写块"对话框，如图 5.2 所示。

图 5.2　"写块"对话框

(2) 在"写块"对话框中，具体操作步骤如下：

① 确定块的来源：在"源"选项组中，有"块"、"整个图形"和"对象"三个单选钮定义存储块的来源，根据实际需要选择其一。

若确定"块"或"整个图形"为定义存储块的来源，则按下面的步骤直接操作；若确定"对象"为定义存储块的来源，则和前面创建块一样要进行基点选择、对象选择，然后按下面的步骤操作。

② 确定存储块的文件名和路径：在"文件名和路径"列表框中，输入块文件的保存路径和名称；也可单击其后的按钮，在弹出的"浏览图形文件"对话框中设定存储块的路径和文件名。

③ 确定插入单位：一般设置为毫米。如果希望插入时不自动缩放图形，请选择"无单位"。

④ 完成存储：单击"确定"按钮，完成块的存储。

3．"写块"对话框

"写块"对话框各部分的意义与作用如下：

(1) "块"单选钮：表示指定要保存为文件的已有块。从列表中选择名称。

(2) "整个图形"单选钮：选择当前图形作为一个块。

(3) "对象"单选钮：选择某些对象来创建一个块。如果选择该单选钮，则和前面创建块一样要进行基点选择、对象选择。

(4) "文件名和路径"列表框：指定文件名和保存块或对象的路径。

(5) "插入单位"列表框：指定从设计中心拖动新文件或将其作为块插入到使用不同单位的图形中时用于自动缩放的单位值。如果希望插入时不自动缩放图形，请选择"无单位"。

5.1.3 块的插入

根据需要可以将创建的块插入到图中任意指定位置，插入时还可以按照不同的比例和旋转角度改变它的大小和方位。

1．操作方法

(1) 单击"绘图"工具栏上的"插入块"按钮。

(2) 单击下拉菜单"插入"→"块"命令。

(3) 在命令行输入"insert"并按"Enter"键。

2．操作说明

(1) 单击"绘图"工具栏上的"插入块"按钮，系统弹出"插入"对话框，如图 5.3 所示。

图 5.3 "插入"对话框

(2) 在"插入"对话框中，具体操作步骤如下：

① 选择块的名称：在"名称"列表框中，从块定义列表中指定要插入块的名称。

② 指定插入点、缩放比例和旋转角度：根据需要，勾选"插入点"、"缩放比例"和"旋转"三个选项组中的"在屏幕上指定"复选框。

③ 确定是否分解：根据需要，勾选"分解"复选框。

④ 完成插入：单击"确定"按钮，系统退出"插入"对话框返回绘图区；同时命令行提示：

指定插入点或 [基点(B)/比例(S)/X/Y/Z/旋转(R)]:　　　　　　　　　(指定插入点)

输入 X 比例因子，指定对角点，或 [角点(C)/XYZ(XYZ)] <1>:　　(输入插入 X 向比例因子)

输入 Y 比例因子或 <使用 X 比例因子>:　　　　　　　　(输入插入 Y 向比例因子)

指定旋转角度 <0>:　　　　　　　　　　　　　　　　(输入旋转角度)

(3) 设定完成插入点、X 向比例因子、Y 向比例因子、旋转角度后，选定的块将插入到指定位置。

3. "插入"对话框

"插入"对话框各部分的意义与作用如下：

(1) "名称"列表框：指定要插入块的名称，或作为块插入的文件名称。

(2) "浏览"按钮：打开"选择图形文件"对话框，从中选择要插入的块或图形文件。

(3) "插入点"选项组、"缩放比例"选项组、"旋转"选项组：分别指定块的插入点、指定插入块的缩放比例和在当前 UCS 中指定插入块的旋转角度。

特别注意：如果指定插入块的缩放比例为负值，则插入块的镜像图像。

(4) "块单位"选项组：显示有关块单位的信息。

(5) "分解"复选框：分解块并插入该块的各个部分。选定"分解"时，只能指定统一的比例因子。

5.1.4 属性块的创建

属性块由图形和属性两部分组成，属性用于在块的插入过程中进行自动注释。属性块用于形式相同而属性内容需要变化的情况，如机械制图中的表面粗糙度符号、明细表行，建筑制图中的标高符号、定位轴线符号等，将它们创建为有属性的块，使用时可以按需要指定文字内容。

1. 操作方法

下面以创建建筑图样中的标高符号为例，说明操作过程。

(1) 绘制属性块中的图形。在绘图区中，按照制图标准要求 1：1 绘制出块中的图形部分"▽——"。

(2) 定义属性块中内容需要变化的文字，即属性文字。

① 单击下拉菜单"绘图"→"块"→"定义属性"命令，打开"属性定义"对话框，如图 5.4 所示。

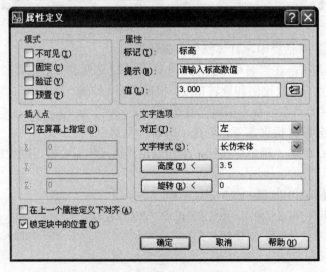

图 5.4 "属性定义"对话框

② 在"属性定义"对话框中，具体操作步骤如下：

设置属性：在"标记"文本框中输入属性文字的标记"标高"，该标记将在属性块创建后作为属性文字显示在块中；在"提示"文本框中输入命令行的提示文字"请输入标高数值"；在"值"文本框中输入常用的属性文字"3.000"。

设置文字选项：在"对正"列表框中选择属性文字合适的对正方式"左"；在"文字样式"列表框中选择属性文字合适的文字样式"长仿宋体"（预先要设置文字样式）；在"高度"按钮后的文本框中输入属性文字合适的高度"3.5"；在"旋转"按钮后的文本框中输入属性文字的旋转角度"0"。

勾选"插入点"选项组中"在屏幕上指定"复选框；"模式"选项组中的复选框一般不选。

选择对象：单击"确定"按钮，关闭"属性定义"对话框进入绘图区；指定图形的适当位置点(该例中三角形的右端点)作为属性文字的插入点(若属性文字插入后位置不合适，可用"移动"命令移动到合适的位置)，完成属性文字的定义，这时图形显示"◢ˢᵗᵃⁿᵈ标高"。

(3) 创建属性块：单击"绘图"工具栏上的"创建块"按钮，打开"块定义"对话框，如图 5.1 所示。在该对话框中，以"◢标高"为选择对象，以图形符号最下点为块的插入点，创建名为"标高"的块。

特别注意：在"块定义"对话框中选择对象时，必须将图形和属性文字全部选上。

2．"属性定义"对话框

"属性定义"对话框各部分的意义与作用如下：

(1) "模式"选项组：在图形中插入块时，设置与块关联的属性值选项。

"不可见"复选框、"固定"复选框、"验证"复选框和"预置"复选框分别表示指定插入块时不显示或打印属性值、在插入块时赋予属性固定值、插入块时提示验证属性值是否正确和插入包含预置属性值的块时，将属性设置为默认值。

(2) "属性"选项组：设置属性数据，最多可以选择 256 个字符。

"标记"文本框标识图形中每次出现的属性。除空格外任何字符组合都可以作为属性标记，而且小写字母会自动转换为大写字母。

"提示"文本框指定在插入包含该属性定义的块时显示的提示。如果不输入提示，属性标记将用作提示。

"值"文本框指定默认属性值。

"插入字段"按钮显示"字段"对话框，可以插入一个字段作为属性的全部或部分值。

(3) "插入点"选项组：指定属性位置。输入坐标值或者选择"在屏幕上指定"，并使用定点设备指定属性的位置。

(4) "文字选项"选项组：设置属性文字的对正、文字样式、高度和旋转。

"对正"列表框指定属性文字的对正。

"文字样式"列表框指定属性文字的预定义样式，显示当前加载的文字样式。

"高度"文本框指定属性文字的高度。输入值或选择"高度"按钮可以用定点设备指定高度。此高度为从原点到指定的位置的测量值。

"旋转"文本框指定属性文字的旋转角度。输入值或选择"旋转"按钮可以用定点设备指定旋转角度。此旋转角度为从原点到指定的位置的测量值。

(5) "在上一个属性定义下对齐"复选框：将属性标记直接置于定义的上一个属性的下面。如果之前没有创建属性定义，则此选项不可用。

(6) "锁定块中的位置"复选框：锁定块参照中属性的位置。

3. 应用举例

带有属性的块创建完成后，就可以使用"插入"对话框，在文档中插入该块。具体操作步骤如下：

(1) 单击"绘图"工具栏上的"插入块"按钮，系统弹出"插入"对话框，如图 5.3 所示。

(2) 在"插入"对话框中，选择属性块"标高"，指定插入点、缩放比例和旋转角度，单击"确定"按钮命令行提示：

命令: _insert　　　　　　　　　　　　　　　　　　　　　　　　　　　(信息行)

指定插入点或 [基点(B)/比例(S)/X/Y/Z/旋转(R)]:　　　　　　　　　　　(指定插入点)

输入属性值　　　　　　　　　　　　　　　　　　　　　　　　　　　(信息行)

请输入标高数值 <3.000>: 6.000✓　　　　　　　　　　　　(输入 6.000，回车结束)

回车结束插入后，将在绘图区的指定位置插入一个属性块" ▽6.000 "。这里："请输入标高数值"是指在"提示"文本框中输入的命令行提示文字"请输入标高数值"；缺省值"3.000"是指在"值"文本框中输入的常用属性文字"3.000"。

5.2 图案的填充

在图样设计时，有时候有些图样的一定范围要填充上一些图案。在 AutoCAD 中，"图案填充"命令可以把各种定义的图案填充到指定的图形区域中。例如，在机械制图中可以将材料剖面符号填充到剖视图和剖面图中；在建筑制图中可以将材料图例填充到剖面图、断面图、装饰图等图样中。

5.2.1 "图案填充"的操作

1. 操作方法

(1) 单击"绘图"工具栏上的"图案填充"按钮 ▦。

(2) 单击下拉菜单"绘图"→"图案填充"命令。

(3) 在命令行输入"hatch"并按"Enter"键。

2. 操作说明

(1) 单击"绘图"工具栏上的"图案填充"按钮，打开"图案填充和渐变色"对话框，如图 5.5 所示(默认"图案填充"选项卡打开)。

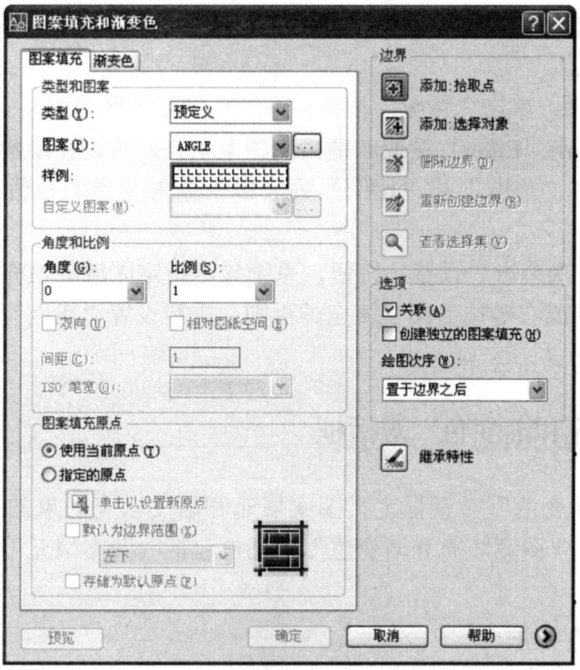

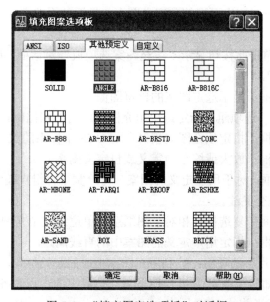

图 5.5　"图案填充和渐变色"对话框

(2) 在"图案填充"选项卡中，具体操作步骤如下：

① 选择填充图案：在"图案"列表框中选择将要填充的图案名称，或单击其右侧的按钮，打开"填充图案选项板"对话框，如图 5.6 所示。在该对话框中选择需要填充的图案名称。

图 5.6　"填充图案选项板"对话框

② 指定填充区域：单击"添加：拾取点"按钮，系统返回绘图区；在需要填充图案的封闭区域内点取，指定填充区域，系统自动分析该区域并以虚线显示。选择完成，单击"Enter"键返回"图案填充和渐变色"对话框。

或者单击"添加：选择对象"按钮，系统返回绘图区，用"选择对象"的各种方法选择待填充的封闭区域。

③ 预览填充效果：单击"预览"按钮，系统返回绘图区，显示指定区域的填充效果；如果结果正确，则单击"Enter"键或右键接受图案填充，否则在绘图区中点取或按"Esc"键返回到对话框，在"角度"和"比例"列表框中输入适当的数值，以使填充图案显示正确。

④ 确认完成：再次单击"预览"按钮，系统显示指定区域的填充效果；若填充结果正确，单击"Enter"键或右键接受图案填充。否则，重新设置"比例"和"角度"列表框中的数值。

5.2.2 "图案填充和渐变色"对话框

"图案填充和渐变色"对话框定义图案填充和渐变填充对象的边界、图案类型、图案特性和其他特性。"图案填充和渐变色"对话框包括"图案填充"和"渐变色"两个选项卡。

1. "图案填充"选项卡

"图案填充和渐变色"对话框的"图案填充"选项卡如图 5.5 所示，主要定义要应用的填充图案的外观。包括"类型和图案"、"角度和比例"、"图案填充原点"、"边界"、"选项"等选项组。

(1) "类型和图案"选项组：指定图案填充的类型和图案。

① "类型"列表框：设置图案类型。用户定义的图案基于图形中的当前线型。

② "图案"列表框：列出可用的预定义图案。最近使用的六个用户预定义图案将出现在列表顶部。

③ "…"按钮：单击此按钮显示"填充图案选项板"对话框，从中可以同时查看所有预定义图案的预览图像。

④ "样例"文本框：显示选定图案的预览图像。

(2) "角度和比例"选项组：指定选定填充图案的角度和比例。

① "角度"列表框：指定填充图案相对当前 UCS 坐标系的 X 轴的角度。

② "比例"列表框：放大或缩小预定义或自定义图案。

③ "双向"复选框：对于用户定义的图案，将绘制第二组直线，这些直线与原来的直线成 90°角，从而构成交叉线。

④ "相对图纸空间"复选框：相对于图纸空间单位缩放填充图案。

⑤ "间距"文本框：指定用户定义的图案中的直线间距。

(3) "图案填充原点"选项组：控制填充图案生成的起始位置。

某些图案填充(例如砖块图案)需要与图案填充边界上的一点对齐。 默认情况下，所有图案填充原点都对应于当前的 UCS 原点。

① "使用当前原点"单选钮：使用存储在HPORIGINMODE系统变量中的设置。默认情况下，原点设置为 0,0。

② "指定的原点"单选钮：指定新的图案填充原点。

(4) "边界"选项组：指定选定填充图案的边界。

① "添加:拾取点"按钮：根据围绕指定点所构成封闭区域的现有对象确定边界。

② "添加:选择对象"按钮：根据构成封闭区域的选定对象确定边界。

③ "删除边界"按钮：从边界定义中删除以前添加的任何对象。

④ "重新创建边界"按钮：围绕选定的图案填充或填充对象创建多段线或面域，并使其与图案填充对象相关联。

⑤ "查看选择集"按钮：暂时关闭对话框，并使用当前的图案填充或填充设置显示当前定义的边界。

(5) "选项"选项组：控制几个常用的图案填充或填充选项。

① "关联"复选框：控制图案填充或填充的关联。关联的图案填充在用户修改其边界时将会更新。

② "创建独立的图案填充"复选框：控制当指定了几个单独的闭合边界时，是创建单个图案填充对象，还是创建多个图案填充对象。

③ "绘图次序"列表框：为图案填充或填充对象指定绘图次序。图案填充可以放在所有其他对象之后、所有其他对象之前、图案填充边界之后或图案填充边界之前。

(6) "继承特性"按钮：对指定的边界进行图案填充。

(7) "预览"按钮：关闭对话框，并使用当前图案填充设置显示当前定义的边界。单击图形或按"Esc"键返回对话框。单击鼠标右键或按"Enter"键接受图案填充。如果没有指定用于定义边界的点，或没有选择用于定义边界的对象，则此选项不可用。

2．"渐变色"选项卡

"图案填充和渐变色"对话框的"渐变色"选项卡如图 5.7 所示，主要定义要应用的渐变填充的外观。包括"颜色"、"方向"、"边界"、"选项"等选项组。

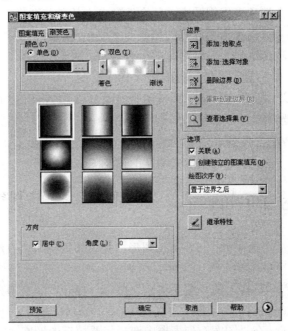

图 5.7　"渐变色"选项卡

(1) "颜色"选项组：用于设定渐变填充的颜色类型。

① "单色"单选钮：指定使用从较深着色到较浅色调平滑过渡的单色填充。选择"单色"时，HATCH 将显示带有"浏览"按钮和"着色"滑块的颜色样本。

② "双色"单选钮：指定在两种颜色之间平滑过渡的双色渐变填充。选择"双色"时，HATCH 将显示颜色 1 和颜色 2 的带有"浏览"按钮的颜色样本。

③ "颜色样本"框：指定渐变填充的颜色。单击浏览按钮"…"以显示"选择颜色"对话框，从中可以选择 AutoCAD 颜色索引(ACI)颜色、真彩色或配色系统颜色。显示的默认颜色为图形的当前颜色。

④ "着色"和"渐浅"滑块：指定一种颜色的渐浅(选定颜色与白色的混合)或着色(选定颜色与黑色的混合)，用于渐变填充。

(2) 渐变图案：显示用于渐变填充的九种固定图案。这些图案包括线性扫掠状、球状和抛物面状图案。

(3) "方向"选项组：指定渐变色的角度以及其是否居中。

① "居中"复选框：指定对称的渐变配置。如果没有选定此选项，渐变填充方向将朝左上方变化，创建的光源为在对象左边的图案。

② "角度"列表框：指定渐变填充的角度。此选项与指定给图案填充的角度互不影响。

(4) 其他选项组和按钮与"图案填充"选项卡相同。

5.2.3　"填充图案选项板"对话框

"填充图案选项板"对话框(如图 5.6 所示)，显示所有预定义和自定义图案的预览图像。可以使用对话框中四个选项卡组织图案，每个选项卡上的预览图像按字母顺序排列。

要选择某个图案，只需单击要选择的填充图案图标，然后单击"确定"按钮。

(1) "ANSI"选项卡：显示系统附带的所有 ANSI 图案。

(2) "ISO"选项卡：显示系统附带的所有 ISO 图案。

(3) "其他预定义"选项卡：显示系统附带的除 ISO 和 ANSI 之外的所有其他图案。

(4) "自定义"选项卡：显示已添加到搜索路径(在"选项"对话框的"文件"选项卡上设置)中的自定义 PAT 文件列表。

(5) "预览"框：显示选定的自定义图案的预览图像。

5.2.4　"图案填充"的应用举例

用"图案填充"命令绘制如图 5.8 所示图形。其中外框已用"直线"命令绘制完成。具体操作步骤如下：

(1) 单击"绘图"工具栏上的"图案填充"按钮，打开"图案填充和渐变色"对话框，如图 5.5 所示。

(2) 选择填充图案。在"图案"列表框中选择将要填充的图案"ANSI31"。

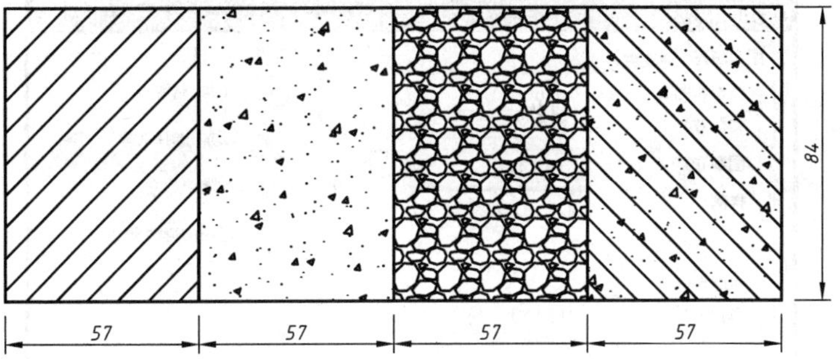

图 5.8 "图案填充"命令练习图例

(3) 指定填充区域。单击"添加：拾取点"按钮，系统返回绘图区；在需要填充图案的左侧第一个范围框内点击，这些区域以虚线显示。单击"Enter"键返回"图案填充和渐变色"对话框。

(4) 预览填充效果。单击"预览"按钮，系统返回绘图区，显示指定区域的填充效果，效果显示的图线间距较小；按"Esc"键返回到对话框，设置"比例"列表框数值为"2"。

(5) 确认完成。再次单击"预览"按钮，系统显示填充效果，单击"Enter"键接受图案填充。

(6) 其他区域填充步骤和上述一致，仅仅图案和参数不同。其中：左侧第二个范围框图案名称为"AR-CONC"，"角度"和"比例"列表框数值分别为"0"和"0.1"；右侧第二个范围框图案名称为"GRAVEL"，"角度"和"比例"列表框数值分别为"0"和"0.5"；右侧第一个范围框将"ANSI31"和"AR-CONC"两种图案分别填充一次组合而成(其中"ANSI31"的"角度"和"比例"列表框数值分别为"90"和"2"；"AR-CONC"的"角度"和"比例"列表框数值分别为"0"和"0.1")。

特别注意：该例的图案填充，也可以将第一种图案一次填充到各个区域(这时应将"选项"选项组中的"创建独立的图案填充"复选框勾选)，然后对图案类型不正确的区域进行编辑。

5.2.5 填充图案的编辑

1. 操作方法

(1) 单击下拉菜单"修改"→"对象"→"图案填充"命令。

(2) 在命令行输入"hatchedit"并按"Enter"键。

(3) 直接双击要修改的图案填充对象。

(4) 选择要编辑的图案填充对象，单击鼠标右键，选择快捷菜单中的"编辑图案填充"命令。

2. 操作说明

(1) 直接双击要修改的图案填充对象，系统弹出"图案填充编辑"对话框，如图 5.9 所示。

(2) 在"图案填充编辑"对话框中，可以对图案填充对象的图案类型、填充角度、比例等进行重新设置。

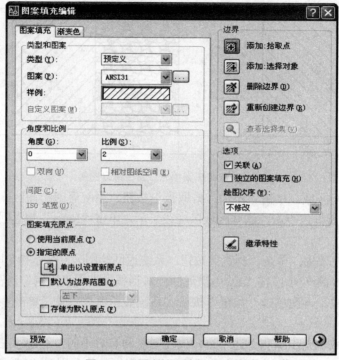

图 5.9　"图案填充编辑"对话框

3．特别注意

(1) 使用"Properties"命令也可以全方位修改图案填充对象。

(2) 使用"Explode"命令可以分解填充的图案，但是，分解时要慎重，因为分解后若要删除填充的图案，有的图案处理过程相当繁杂。

5.3　课后练习

1．单选题

(1) 要将创建的块保存起来，可用下面那个命令_____。

    (A) block　　　　　　　　　　　(B) wblock

    (C) explode　　　　　　　　　　(D) mblock

(2) 关于块属性的定义，下面说法正确的是_____。

    (A) 块必须定义属性

    (B) 块的属性是不变的

    (C) 块的属性可以编辑

    (D) 一个块中可以定义多种属性

(3) 图案填充操作中，说法正确是_____。

    (A) 通过单击填充边界来确定填充区域

    (B) 填充图案可以和原对象关联

(C) 填充图案可以调整角度

(D) 填充图案不可以编辑修改

(4) 在使用图案 ANSI31 进行填充时，设置角度为 180°，则填充的剖面线与水平方向夹角是_____。

(A) 45°　　　　　　　　　　　　　　(B) 75°

(C) 90°　　　　　　　　　　　　　　(D) 270°

(5) 将图案填充于互不影响多个区域，最好的办法是_____。

(A) 填充时选择"关联"

(B) 填充时分多次填充

(C) 填充时勾选"创建独立的图案填充"

(D) 填充后，进行分解

2．思考题

(1) 如何定义块的属性？

(2) 为什么定义好的块，在插入时会插入到距光标所在位置之外的地方？

(3) 在"填充图案选项板"中，机械制图常用的剖面线所对应的图案名称是什么？

(4) 在"填充图案选项板"中，建筑制图常用的普通砖、混凝土、钢筋混凝土、毛石材料图例所对应的图案名称分别是什么？

(5) 如何在一次填充多个区域时让各区域的图案内容互相独立？

3．绘图题

(1) 将建筑图样中标注在图形左侧的标高符号创建为带有属性的块，块名称为：标高符号(左)；并保存到桌面上。

(2) 将建筑图样中标注在图样左侧的轴线编号符号创建为带有属性的块，块名称为：轴线编号(左)；并保存到桌面上。

(3) 将机械图样中去除材料的表面粗糙度符号创建为带有属性的块，块名称为：表面粗糙度符号(去除材料)；并保存到桌面上。

(4) 根据所注尺寸，绘制如图 5.10 所示图形，并填充上颜色。其中各环从左到右互相套接，上面是蓝、黑、红环，下面是是黄、绿环。

● 绘图提示：用"圆"命令绘制圆；用"复制"命令进行复制。

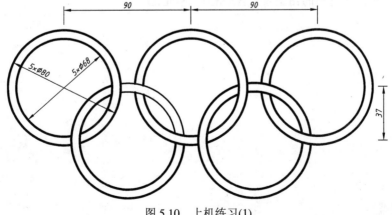

图 5.10　上机练习(1)

(5) 根据所注尺寸，绘制如图 5.11 所示图形。其中中间十字形区域填充红色。

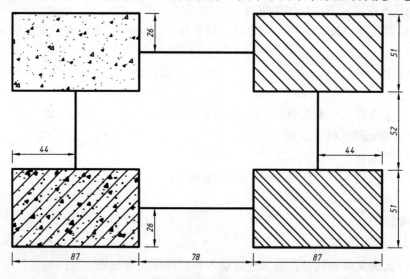

图 5.11　上机练习(2)

● 绘图提示：用"矩形"命令绘制矩形，用"直线"命令绘制直线；用"图案填充"命令进行图案填充，所用到的图案有：ANSI31，GARVEL，SOLID，AR-CONC,ANSI32。

(6) 根据所注尺寸，绘制如图 5.12 所示图形。其中五角星填充红色。

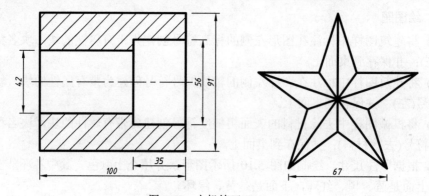

图 5.12　上机练习(3)

● 绘图提示：所用到的图案有：ANSI31，SOLID。

第 6 章

文字输入与尺寸标注

☞本章介绍了文字输入与尺寸标注的相关知识，主要内容包括：文字样式的设置、文字输入命令的使用、文字编辑命令的使用、标注工具栏的设置、标注样式的设置、尺寸标注命令的使用、尺寸编辑命令的使用等。

6.1　文字的输入

文字是工程图样中不可缺少的一部分。在完整的工程图样中，一般都包含一些文字信息，以说明图样中的一些非图形信息。例如，在零件图中，常见用文字描述的技术要求内容等。

在 AutoCAD 中，文字信息的输入一般要经过设置文字样式、文字输入、文字编辑几个步骤来完成。

6.1.1　文字样式的设置

在进行文字输入和尺寸标注时，AutoCAD 通常使用当前的文字样式。AutoCAD 默认的文字样式名为 Standard，它的字体名为"txt.shx"和"gbcbig.shx"。

在绘图设计时，应该设置自己需要的文字样式。下面以工程制图中常用的尺寸标注字体为例说明文字样式的设置。

1．操作方法

(1) 单击下拉菜单"格式"→"文字样式"命令。

(2) 在命令行输入"style"并按"Enter"键。

2．操作说明

(1) 单击下拉菜单"格式"→"文字样式"命令，系统弹出"文字样式"对话框，如图 6.1 所示。

(2) 在"文字样式"对话框中，具体操作步骤如下：

① 命名样式名。单击"新建"按钮，打开"新建文字样式"对话框，如图 6.2 所示；在"样式名"文本框中输入样式名称(本例为标注)，单击"确定"按钮返回"文字样式"

对话框。

② 选择字体。取消"使用大字体"复选框勾选，在"字体名"列表框中选择需要的字体"gbeitc.shx"；"高度"文本框等其他各项保持默认值。

③ 确认字体。单击"应用"按钮，将选择的字体"gbeitc.shx"赋予新建的样式名称——标注，这时"文字样式"对话框如图 6.3 所示。

图 6.1   "文字样式"对话框   图 6.2   "新建文字样式"对话框

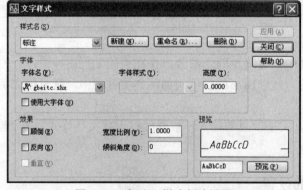

图 6.3   "标注"样式创建设置

(3) 完成创建。单击"关闭"按钮退出"文字样式"对话框，完成文字样式的创建。

特别注意：

(1) 用"gbeitc.shx"字体进行尺寸标注基本能满足我国现行尺寸标注的要求。

(2) 用"仿宋_GB2312"字体("宽度比例"文本框设置为 0.7)进行文字输入，基本能满足我国现行制图关于字体的要求。

3．"文字样式"对话框

"文字样式"对话框用于创建、修改或设置命名文字样式。各组成部分意义和作用如下。

(1) "样式名"选项组：显示文字样式名、添加新样式以及重命名和删除现有样式。列表中包括已定义的样式名并默认显示当前样式。

① "新建"按钮：显示"新建文字样式"对话框并为当前设置自动提供名称。

② "重命名"按钮：显示"重命名文字样式"对话框。输入新名称并单击"确定"按钮后，就重命名了方框中所列出的样式。

③"删除"按钮：删除文字样式。从列表中选择一个样式名将其置为当前，然后选择"删除"。

(2) "字体"选项组：更改样式的字体。

① "字体名"列表框：列出所有注册的 TrueType 字体和 Fonts 字体文件夹中编译的形(SHX)字体的字体族名。勾选"使用大字体"复选框后，该选项变为"SHX 字体"。其中：字体"gbeitc.shx"创建单线长仿宋体字母、数字及符号的斜体字；"gbenor.shx"创建单线长仿宋体字母、数字及符号的直体字；字体"gbcbig.shx"创建单线长仿宋体汉字的直体字。

② "字体样式"列表框：指定字体格式，比如斜体、粗体或者常规字体。勾选"使用大字体"复选框后，该选项变为"大字体"，用于选择大字体文件。

③ "高度"文本框：根据输入的值设置文字高度。如果输入"0.0"，每次用该样式输入文字时，系统都将提示输入文字高度。输入大于"0.0"的高度值，则为该样式设置固定的文字高度。

④ "使用大字体"复选框：指定亚洲语言的大字体文件。只有在"字体名"中指定SHX 文件，才能使用"大字体"。只有 SHX 文件才可以创建"大字体"。

(3) "效果"选项组：修改字体的特性，例如反向、宽度比例、倾斜角度以及是否颠倒显示等。

(4) "预览"选项组：随着字体的改变和效果的修改动态显示样例文字。在字符预览图像下方的方框中输入字符，将改变样例文字。

① "预览文字"文本框：提供了要在预览图像中显示的文字。

② "预览"按钮：根据对话框中所做的更改，更新字符预览图像中的样例文字。

(5) "应用"按钮：将对话框中所做的样式更改应用到图形中具有当前样式的文字。

(6) "关闭"按钮：将更改应用到当前样式。

6.1.2 "单行文字"命令的操作

"单行文字"命令用于在指定位置进行文字输入。该命令一次可以多处输入同字高、同旋转角度的文字。每指定一个起点，将在此处生成一个独立的对象，常用于位置多变的少量文字输入。

1. 操作方法

(1) 单击下拉菜单"绘图"→"文字"→"单行文字"命令。

(2) 在命令行输入"text(或 dtext)"并按"Enter"键。

2. 操作说明

命令: dtext↙	(执行命令)
当前文字样式： Standard 当前文字高度： 2.5000	(信息行)
指定文字的起点或 [对正(J)/样式(S)]:	(指定文字的起点)
指定高度 <2.5000>:	(输入文字的高度)
指定文字的旋转角度 <0>:	(输入文字的旋转角度)

　　输入文字的旋转角度后，在绘图区文字的起点处出现一个文字编辑框，可输入第一行文字。若要在其它位置输入，可用鼠标指定新的起始位置。输入完毕，按"Enter"键结束输入；再按"Enter"键结束命令。

　　(1) 指定文字的起点。为缺省项，用以确定文本的起点。

　　(2) 对正。设定输入文字的对齐方式，系统缺省为左对齐方式。选择该项后，系统提示：

　　[对齐(A)/调整(F)/中心(C)/中间(M)/右(R)/左上(TL)/中上(TC)/右上(TR)/左中(ML)/正中(MC)/右中(MR)/左下(BL)/中下(BC)/右下(BR)]:

　　共有 14 种文本对齐方式，其中：

　　对齐：通过指定基线端点来指定文字的高度和方向。字符的大小根据其高度按比例调整。文字字符串越短，字符越高。

　　调整：指定文字按照由两点定义的方向和高度值布满一个区域。只适用于水平方向的文字。

　　中心：从基线的水平中心对齐文字，此基线是由用户指定点确定的。

　　中间：文字在基线的水平中点和指定高度的垂直中点上对齐。

　　右：在由用户指定点确定的基线上右对正文字。

　　左上：在指定为文字顶点的点上左对正文字。只适用于水平方向的文字。

　　中上：以指定为文字顶点的点居中对正文字。只适用于水平方向的文字。

　　右上：以指定为文字顶点的点右对正文字。只适用于水平方向的文字。

　　左中：在指定为文字中间点的点上靠左对正文字。只适用于水平方向的文字。

　　正中：在文字的中央水平和垂直居中对正文字。只适用于水平方向的文字。

　　右中：以指定为文字的中间点的点右对正文字。只适用于水平方向的文字。

　　左下：以指定为基线的点左对正文字。只适用于水平方向的文字。

　　中下：以指定为基线的点居中对正文字。只适用于水平方向的文字。

　　右下：以指定为基线的点靠右对正文字。只适用于水平方向的文字。

　　(3) 样式。指定文字样式，创建的文字使用当前文字样式。选择该选项后，系统提示：

输入样式名或 [?] <当前样式>:　　　　　　　　　　　　(输入文字样式名称或输入选项"？")

　　输入"？"：可以显示已经设置好的文字样式名称。

6.1.3　"多行文字"命令的操作

　　"多行文字"命令用于在指定边界内输入一行或多行文字。一次输入，不论多少行都是一个对象。该命令具有控制输入文字格式、特性等功能，常用于格式较复杂的段落文字输入。

1．操作方法

　　(1) 单击"绘图"工具栏上的"多行文字"按钮 **A**。

　　(2) 单击下拉菜单"绘图"→"文字"→"多行文字"命令。

　　(3) 在命令行输入"mtext"并按"Enter"键。

2．操作说明

(1) 执行"多行文字"命令。单击"绘图"工具栏上的"多行文字"按钮，命令行提示：

指定第一角点：　　　　　　　　　　　　　　　　　　　　　　(指定段落文字矩形区域的第一角点)

指定对角点或 [高度(H)/对正(J)/行距(L)/旋转(R)/样式(S)/宽度(W)]：　　　　　　(指定对角点)

这时，弹出在位文字编辑器。在位文字编辑器包含"文字格式"工具栏和带有标尺的文字显示区，如图 6.4 所示。

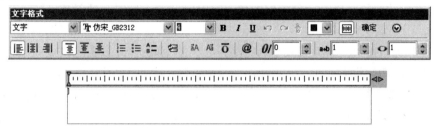

图 6.4　在位文字编辑器

(2) 设置文字样式和高度。在"文字格式"工具栏的"字体"列表框中选择创建的文字样式，在"文字高度"列表框中选择或输入字体的高度。

(3) 输入文字。在文字显示区输入需要的文字。若要插入特殊符号，可单击"文字格式"工具栏中的"符号"按钮，在其弹出的菜单中选取。

(4) 完成创建。输入完成后，单击"文字格式"工具栏上的"确定"按钮，退出在位文字编辑器，完成多行文字创建。

3．在位文字编辑器

在位文字编辑器包括"文字格式"工具栏和带有标尺的文字显示区两部分。

(1) "文字格式"工具栏：控制多行文字对象的文字样式和选定文字的字符格式。

① "样式"列表框：向多行文字对象应用文字样式。

② "字体"列表框：为新输入的文字指定字体或改变选定文字的字体。

③ "文字高度"列表框：按图形单位设置新文字的字符高度或修改选定文字的高度。

④ "粗体"、"斜体"、"下划线"、"放弃"、"重做"、"堆叠"按钮。

⑤ "文字颜色"列表框：为新输入的文字指定颜色或修改选定文字的颜色。

⑥ "标尺"按钮：在编辑器顶部显示标尺。拖动标尺末尾的箭头可更改多行文字对象的宽度。

⑦ "确定"按钮：关闭编辑器并保存所做的任何修改。

⑧ "选项"按钮：显示选项菜单。

⑨ "左对齐"、"居中对齐"、"右对齐"按钮：设置左右文字边界的对正和对齐。"左上"选项是默认设置。

⑩ "顶部"、"中间"、"底部"按钮：设置顶部和底部文字边界的对正和对齐。"左上"选项是默认设置。

⑪ "编号"、"项目符号"按钮：使用编号创建带有句点的列表、使用项目符号创建列表。

⑫ "大写字母"按钮：使用大写字母创建带有句点的列表。

⑬ "插入字段"按钮：显示"字段"对话框，从中可以选择要插入到文字中的字段。关闭该对话框后，字段的当前值将显示在文字中。

⑭ "大写"、"小写"按钮：将选定文字更改为大写、小写。

⑮ "符号"按钮：在光标位置插入符号或不间断空格。单击"其他"将显示"字符映射表"对话框，其中包含了系统中每种可用字体的整个字符集。

⑯ "倾斜角度"按钮：确定文字是向前倾斜还是向后倾斜。倾斜角度表示的是相对于 90° 角方向的偏移角度。倾斜角度的值为正时文字向右倾斜。倾斜角度的值为负时文字向左倾斜。

⑰ "追踪"按钮：增大或减小选定字符之间的空间。1.0 设置是常规间距。设置为大于 1.0 可增大间距，设置为小于 1.0 可减小间距。

⑱ "宽度比例"按钮：扩展或收缩选定字符。1.0 设置代表此字体中字母的常规宽度。可以增大该宽度或减小该宽度。

(2) 带有标尺的文字显示区。

① 标尺：设置制表符和缩进文字来控制多行文字对象中的段落外观。

② 文字显示区：用于定义多行文字对象中段落的宽度。

6.1.4　特殊字符和堆叠文字的输入

在绘图设计中，往往需要标注一些特殊的字符，如度符号"°"、公差符号"±"、直径符号"ϕ"；有时需要输入分数、公差、上标和下标等堆叠文字。在 AutoCAD 中，这些文字不能从键盘上直接输入，但可以通过控制代码或相应操作来实现。

1．特殊字符的输入

1) 控制代码

特殊字符可以通过"字符映射表"或控制代码来实现输入，常用特殊字符的代码如表 6.1 所示。

表 6.1　常用控制代码一览表

控制代码	含 义 说 明	输入内容	输 出 结 果
%%d	输入度符号"°"	100%%d	100°
%%p	输入公差符号符号"±"	%%p0.000	±0.000
%%c	输入直径符号"ϕ"	%%c88	ϕ88
%%u	输入时打开或关闭下划线	%%u10000	10000

2) 输入方式

(1) "单行文字"命令：用"单行文字"命令输入时，直接在指定位置输入控制代码即可。

(2) "多行文字"命令：用"多行文字"命令输入时，可以直接在指定位置输入控制代码，也可以单击"符号"按钮，在其下拉列表中选取所需控制代码。

2. 堆叠文字的输入

用"多行文字"命令可以输入堆叠文字。在"在位文字编辑器"中，在文字中输入堆叠符号"^"、"/"和"#"，然后应用"堆叠"命令可以将其转换为堆叠文字，如分数、公差、下标等。

1) 堆叠字符

常用堆叠字符如表 6.2 所示。

表 6.2　常用堆叠字符一览表

输入形式	选中部分	输出结果
100+0.001^-0.002	100+0.001^-0.002	$100^{+0.001}_{-0.002}$
50/100	50/100	$\frac{50}{100}$
1005^	1005^	100^5
100^5	100^5	100_5
50#100	50#100	$^{50}\!/_{100}$

2) 操作步骤

(1) 单击"绘图"工具栏上的"多行文字"按钮，按命令行提示指定多行文字边界后，弹出在位文字编辑器。

(2) 设置文字样式和高度后输入文字，若要显示文字"10^5"，则需输入"105^"。

(3) 选中"105^"中的"5^"，这时"文字格式"工具栏上的"堆叠"命令按钮亮显，单击该按钮，刚才输入的"105^"将变成"10^5"。

(4) 输入完成后，单击"文字格式"工具栏上的"确定"按钮，退出在位文字编辑器，完成多行文字创建。

6.1.5　文字编辑

文字对象可以像其他对象一样修改编辑：可以移动、旋转、镜像、删除和复制文字对象，也可编辑其内容。

1. "Ddedit"命令

1) 操作方法

(1) 单击下拉菜单"修改"→"对象"→"文字"→"编辑"命令。

(2) 在命令行输入"ddedit"并按"Enter"键。

2) 操作说明

(1) 单击下拉菜单"修改"→ "对象"→"文字"→"编辑"命令，命令行提示：

命令: _ddedit

选择注释对象或 [放弃(U)]:

这时选择待编辑的文字对象。根据所选文字类型的不同，显示相应的编辑方法：

① 若文字对象是"单行文字"命令输入的，将显示不具有"文字格式"工具栏和标尺的在位文字编辑器，在其中可对文字内容可以进行编辑(仅仅对内容可以编辑)。

② 若文字对象是"多行文字"命令输入的，则显示在位文字编辑器(如图 6.4 所示)，在其中可以编辑文字的内容，也可以对文字的大小、字体、对正方式、倾斜角度等进行修改。

2. "Properties"命令

1) 操作方法

(1) 单击标准工具栏上的"特性"按钮。

(2) 单击下拉菜单"工具"→"选项板"→"特性"命令。

(3) 在命令行输入"properties"并按"Enter"键。

2) 操作说明

(1) 选择编辑文字。直接点取要编辑的文字对象，使其处于冷夹点状态。

(2) 打开"特性"选项板。单击标准工具栏上的"特性"按钮，弹出"特性"选项板。

(3) 更改特性。在"特性"选项板中，指定新值修改可以更改的特性。

(4) 完成退出。更改特性结束，单击"关闭"按钮退出"特性"选项板。

6.2 尺寸的标注

详尽的尺寸是工程图样中不可缺少的一项内容，用以确定图样中各要素的大小与相对位置。标注尺寸是绘制工程图样的重要环节。在 AutoCAD 中，标注尺寸一般主要包括设置标注工具栏，设置标注样式，用尺寸标注命令标注尺寸，编辑标注尺寸等四个步骤。

6.2.1　标注工具栏的设置

系统默认窗口没有设置"标注"工具栏，对图形进行尺寸标注时应首先设置"标注"工具栏，以便于尺寸标注。

将光标移动到任意已设置的工具栏上，然后单击右键，系统将弹出一个快捷菜单，通过选择"标注"命令项可以设置"标注"工具栏。"标注"工具栏如图 6.5 所示。

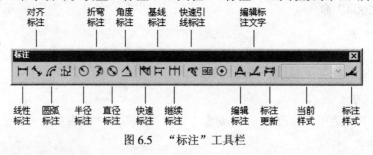

图 6.5　"标注"工具栏

6.2.2　标注样式的设置

标注样式用来控制尺寸标注的外观，如字体样式、大小等。在 AutoCAD 中，默认的标注样式为 ISO-25，这是一个符合 ISO 标准的标注样式。用户可以根据需要，在进行标注之前，设置一个或多个符合行业或国家标准的标注样式。

1．设置标注样式

1) 操作方法

(1) 单击"标注"工具栏上的"标注样式"按钮 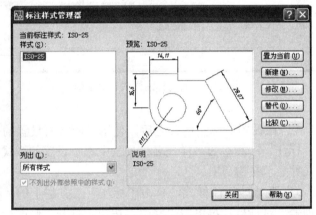。

※ 此处省略。

(2) 单击下拉菜单"格式"→"标注样式"命令；单击下拉菜单"标注"→"标注样式"命令。

(3) 在命令行输入"dimstyle"并按"Enter"键。

2) 操作说明

(1) 单击"标注"工具栏上的"标注样式"按钮，打开"标注样式管理器"对话框，如图 6.6 所示。

图 6.6 "标注样式管理器"对话框

(2) 在"标注样式管理器"对话框中，单击"新建"按钮，打开"创建新标注样式"对话框，如图 6.7 所示。

图 6.7 "创建新标注样式"对话框

(3) 在"创建新标注样式"对话框中，从"基础样式"列表框中选择一种已有样式作为新样式的基础(新样式继承它的所有属性)；如设置总样式，直接单击"继续"按钮；如设置子样式，在"用于"列表框中选择需要的子样式名称，再单击"继续"按钮，打开"新建标注样式"对话框，如图 6.8 所示。

(4) 在"新建标注样式"对话框中，完成对各选项卡的设置，单击"确定"按钮返回"标注样式管理器"对话框。如设置多个子样式，可重复步骤(3)，完成所需的各类子样式的设置。

(5) 设置完各类样式及其特性后，单击"标注样式管理器"对话框的"关闭"按钮，完成标注样式设置。

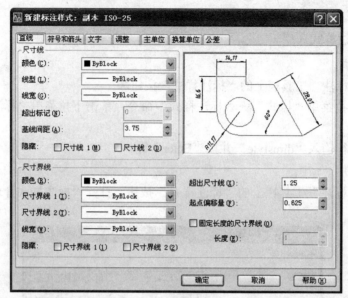

图 6.8　"新建标注样式"对话框

3) 注意事项

(1) 置为当前样式。在设置好标注样式之后，使用时应将所设置的样式置为当前：从"样式"工具栏或"标注"工具栏的"样式名"列表中选择设置的样式，选中的标注样式即设为当前标注样式并显示在窗口中。

(2) 修改标注样式。要修改标注样式，单击"标注"工具栏上的"标注样式"按钮，打开"标注样式管理器"对话框；再单击"修改"按钮，打开"修改标注样式"对话框，在其中完成相关设置的修改。

2. "标注样式管理器"对话框

"标注样式管理器"对话框用于创建新样式、设置当前样式、修改样式、设置当前样式的替代以及比较样式。

(1) "当前标注样式"：显示当前标注样式的名称。当前样式将应用于所创建的标注。

(2) "样式"列表：列出图形中的标注样式。当前样式被亮显。在列表中单击鼠标右键可显示快捷菜单及选项，可用于设置当前标注样式、重命名样式和删除样式。不能删除当前样式或当前图形使用的样式。

(3) "列出"列表框：在"样式"列表中控制样式显示。如果要查看图形中所有的标注样式，请选择"所有样式"。

(4) "预览"框：显示"样式"列表中选定样式的图示。

(5) "说明"选项组：说明"样式"列表中与当前样式相关的选定样式。

(6) "置为当前"按钮：将在"样式"列表中选定的标注样式设置为当前标注样式。当前样式将应用于所创建的标注。

(7) "新建"按钮：显示"创建新标注样式"对话框，从中可以定义新的标注样式。

(8) "修改"按钮：显示"修改标注样式"对话框，从中可以修改标注样式。该对话框选项与"新建标注样式"对话框中的选项相同。

(9)　"替代"按钮：显示"替代当前样式"对话框，从中可以设置标注样式的临时替代。对话框选项与"新建标注样式"对话框中的选项相同。 替代将作为未保存的更改结果显示在"样式"列表中的标注样式下。

(10)　"比较"按钮：显示"比较标注样式"对话框，从中可以比较两个标注样式或列出一个标注样式的所有特性。

3.　"新建标注样式"对话框

"新建标注样式"对话框用于设置标注样式特性。在"创建新标注样式"对话框中选择"继续"时，将显示"新建标注样式"对话框。在此对话框中可以定义新样式的特性。此对话框最初显示的是在"创建新标注样式"对话框中所选择的"基础样式"的特性。

在"标注样式管理器"中选择"修改"或"替代"将显示"修改标注样式"对话框或"替代标注样式"对话框，这些对话框的内容和"新建标注样式"对话框的内容是相同的。

各选项卡介绍如下。

(1)　"直线"选项卡：用于设置尺寸线、尺寸界线的格式和特性，如图 6.8 所示。

①　"尺寸线"选项组：设置尺寸线的特性。

"颜色"列表框：显示并设置尺寸线的颜色。

"线型"列表框：设置尺寸线的线型。

"线宽"列表框：设置尺寸线的线宽。

"超出标记"列表框：指定当箭头使用倾斜、建筑标记和无标记时尺寸线超过尺寸界线的距离。

"基线间距"列表框：设置基线标注的尺寸线之间的距离。

"隐藏"复选框：不显示尺寸线。"尺寸线 1"隐藏第一条尺寸线，"尺寸线 2"隐藏第二条尺寸线。

②　"尺寸界线"选项组：控制尺寸界线的外观。

"颜色"列表框：设置尺寸界线的颜色。

"线型尺寸界线 1"列表框：设置第一条尺寸界线的线型。

"线型尺寸界线 2"列表框：设置第二条尺寸界线的线型。

"线宽"列表框：设置尺寸界线的线宽。

"隐藏"复选框：不显示尺寸界线。"尺寸界线 1"隐藏第一条尺寸界线，"尺寸界线 2"隐藏第二条尺寸界线。

"超出尺寸线"文本框：指定尺寸界线超出尺寸线的距离。

"起点偏移量"文本框：设置自图形中定义标注的点到尺寸界线的偏移距离。

"固定长度的尺寸界线"复选框：启用固定长度的尺寸界线 。

"长度"文本框：设置尺寸界线的总长度，起始于尺寸线，直到标注原点。

"预览"区：显示样例标注图像，可以显示对标注样式设置所做更改的效果。

(2)　"符号和箭头"选项卡：用于设置箭头、圆心标记、弧长符号和折弯半径标注的格式和位置，如图 6.9 所示。

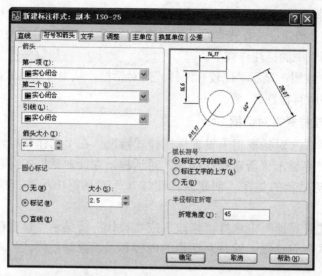

图 6.9　"符号和箭头"选项卡

① "箭头"选项组：控制标注箭头的外观。

"第一项"列表框：设置第一条尺寸线的箭头。当改变第一个箭头的类型时，第二个箭头将自动改变并同第一个箭头相匹配。

"第二个"列表框：设置第二条尺寸线的箭头。

"引线"列表框：设置引线箭头。

"箭头大小"文本框：显示和设置箭头的大小。

② "圆心标记"选项组：控制直径标注和半径标注的圆心标记和中心线的外观。

"无"单选钮：不创建圆心标记或中心线。

"标记"单选钮：创建圆心标记。

"直线"单选钮：创建中心线。

"大小"文本框：显示和设置圆心标记或中心线的大小。

③ "弧长符号"选项组：控制弧长标注中圆弧符号的显示。

"标注文字的前缀"单选钮：将弧长符号放置在标注文字之前。

"标注文字的上方"单选钮：将弧长符号放置在标注文字的上方。

"无"单选钮：隐藏弧长符号。

④ "半径标注折弯"选项组：控制折弯半径标注的显示。

"折弯角度"文本框：确定折弯半径标注中，尺寸线的横向线段的角度。

⑤ "预览"区：显示样例标注图像，它可显示对标注样式设置所做更改的效果。

(3) "文字"选项卡：用于设置标注文字的格式、放置和对齐，如图 6.10 所示。

① "文字外观"选项组：控制标注文字的格式和大小。

"文字样式"列表框：显示和设置当前标注文字样式。

"文字样式"按钮：显示"文字样式"对话框，从中可以定义或修改文字样式。

"文字颜色"列表框：设置标注文字的颜色。

"填充颜色"列表框：设置标注中文字背景的颜色。

"文字高度"文本框：设置当前标注文字样式的高度。

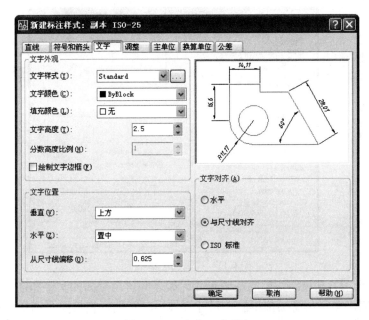

图6.10 "文字"选项卡

特别注意：如果在"文字样式"对话框中将文字高度设置为固定值，则该高度将替代此处设置的文字高度。如果要使用在"文字"选项卡上设置的高度，请确保"文字样式"中的文字高度设置为 0。

"分数高度比例"文本框：设置相对于标注文字的分数比例。仅当在"主单位"选项卡上选择"分数"作为"单位格式"时，此选项才可用。在此处输入的值乘以文字高度，可确定标注分数相对于标注文字的高度。

"绘制文字边框"复选框：如果选择此选项，将在标注文字周围绘制一个边框。

② "文字位置"选项组：控制标注文字的位置。

"垂直"列表框：控制标注文字相对尺寸线的垂直位置。

"水平"列表框：控制标注文字在尺寸线上相对于尺寸界线的水平位置。

"从尺寸线偏移"文本框：设置当前文字间距。文字间距是指当尺寸线断开以容纳标注文字时标注文字周围的距离。此值也用作尺寸线段所需的最小长度。仅当生成的线段至少与文字间隔同样长时，才会将文字放置在尺寸界线内侧。仅当箭头、标注文字以及页边距有足够的空间容纳文字间距时，才将尺寸线上方或下方的文字置于内侧。

③ "文字对齐"选项组：控制标注文字放在尺寸界线外边或里边时的方向是保持水平还是与尺寸界线平行。

"水平"单选钮：水平放置文字。

"与尺寸线对齐"单选钮：文字与尺寸线对齐。

"ISO 标准"单选钮：当文字在尺寸界线内时，文字与尺寸线对齐。当文字在尺寸界线外时，文字水平排列。

④"预览"区：显示样例标注图像，可以显示对标注样式设置所做更改的效果。

(4) "调整"选项卡：控制标注文字、箭头、引线和尺寸线的放置，如图 6.11 所示。

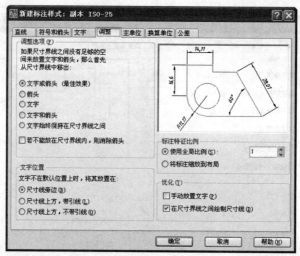

图 6.11　"调整"选项卡

① "调整选项"选项组：控制基于尺寸界线之间可用空间的文字和箭头的位置。如果有足够大的空间，文字和箭头都将放在尺寸界线内。否则，将按照"调整"选项放置文字和箭头。

"文字或箭头(最佳效果)"单选钮：按照最佳效果将文字或箭头移动到尺寸界线外。当尺寸界线间的距离足够放置文字和箭头时，文字和箭头都放在尺寸界线内。否则，将按照最佳效果移动文字或箭头。

"箭头"单选钮：先将箭头移动到尺寸界线外，然后移动文字。当尺寸界线间的距离足够放置文字和箭头时，文字和箭头都放在尺寸界线内。当尺寸界线间距离仅够放下箭头时，将箭头放在尺寸界线内，而文字放在尺寸界线外。

"文字"单选钮：先将文字移动到尺寸界线外，然后移动箭头。当尺寸界线间的距离足够放置文字和箭头时，文字和箭头都放在尺寸界线内。当尺寸界线间的距离仅能容纳文字时，将文字放在尺寸界线内，而箭头放在尺寸界线外。

"文字和箭头"单选钮：当尺寸界线间距离不足以放下文字和箭头时，文字和箭头都移到尺寸界线外。

"文字始终保持在尺寸界线之间"单选钮：始终将文字放在尺寸界线之间。

"若不能放在尺寸界线内，则消除箭头"复选框：如果尺寸界线内没有足够的空间，则隐藏箭头。

② "文字位置"选项组：设置标注文字从默认位置移动时标注文字的位置。

"尺寸线旁边"单选钮：如果选定，只要移动标注文字，尺寸线就会随之移动。

"尺寸线上方，带引线"单选钮：如果选定，移动文字时尺寸线将不会移动。如果将文字从尺寸线上移开，将创建一条连接文字和尺寸线的引线。当文字非常靠近尺寸线时，将省略引线。

"尺寸线上方，不带引线"单选钮：如果选定，移动文字时尺寸线不会移动。远离尺寸线的文字不与带引线的尺寸线相连。

③ "标注特征比例"选项组：设置全局标注比例值或图纸空间比例。

"使用全局比例"单选钮：为所有标注样式设置一个比例，这些设置指定了大小、距离或间距，包括文字和箭头大小。 该比例不更改标注的测量值。

"将标注缩放到布局"单选钮：根据当前模型空间视口和图纸空间之间的比例确定比例因子。

④ "优化"选项组：提供用于放置标注文字的其他选项。

"手动放置文字"复选框：忽略所有水平对正设置并把文字放在"尺寸线位置"提示下指定的位置。

"在尺寸界线之间绘制尺寸线"复选框：即使箭头放在测量点之外，也在测量点之间绘制尺寸线。

⑤ "预览"区：显示样例标注图像，可以显示对标注样式设置所做更改的效果。

(5) "主单位"选项卡：用于设置主标注单位的格式和精度，并设置标注文字的前缀和后缀，如图 6.12 所示。

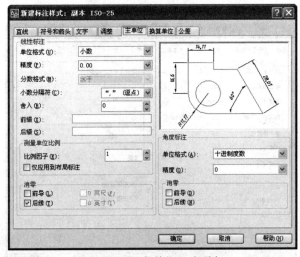

图 6.12　"主单位"选项卡

① "线性标注"选项组：设置线性标注的格式和精度。

"单位格式"列表框：设置除角度之外的所有标注类型的当前单位格式。

"精度"列表框：显示和设置标注文字中的小数位数。

"分数格式"列表框：设置分数格式。

"小数分隔符"列表框：设置用于十进制格式的分隔符。

"舍入"文本框：为除"角度"之外的所有标注类型设置标注测量值的舍入规则。如果输入 0.5，则所有标注距离都以 0.5 为单位进行舍入。如果输入 1.0，则所有标注距离都将舍入为最接近的整数。小数点后显示的位数取决于"精度"设置。

"前缀"文本框：在标注文字中包含前缀。可以输入文字或使用控制代码显示特殊符号。例如，输入控制代码%%c 显示直径符号。当输入前缀时，将覆盖在直径和半径等标注中使用的任何默认前缀。

"后缀"文本框：在标注文字中包含后缀。可以输入文字或使用控制代码显示特殊符号。输入的后缀将替代所有默认后缀。

② "测量单位比例"选项组：定义线性比例选项。

"比例因子"文本框：设置线性标注测量值的比例因子。建议不要更改此值的默认值

1.00。例如，如果输入 5，则 1 毫米直线的尺寸标注将显示为 5 毫米。该值不应用到角度标注，也不应用到舍入值或者正负公差值。

"仅应用到布局标注"复选框：仅将测量单位比例因子应用于布局视口中创建的标注。除非使用非关联标注，否则，该设置应保持取消复选状态。

③ "消零"选项组：控制不输出前导零和后续零。

"前导"复选框：不输出所有十进制标注中的前导零。例如，0.50 变成 .50。

"后续"复选框：不输出所有十进制标注中的后续零。例如，5.500 变成 5.5。

④ "角度标注"选项组：显示和设置角度标注的当前角度格式。

"单位格式"列表框：设置角度单位格式。

"精度"列表框：设置角度标注的小数位数。

(6) "换算单位"选项卡：用于指定标注测量值中换算单位的显示并设置其格式和精度，如图 6.13 所示。它与"主单位"选项卡基本相同。

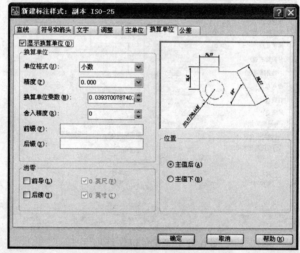

图 6.13 "换算单位"选项卡

(7) "公差"选项卡：用于控制标注文字中公差的格式及显示，如图 6.14 所示。

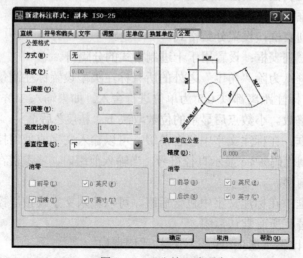

图 6.14 "公差"选项卡

① "公差格式"选项组：控制公差格式。

"方式"列表框：设置公差标注的方法。

"精度"列表框：设置小数位数。

"上偏差"列表框：设置最大公差或上偏差。如果在"方式"中选择"对称"，则此值将用于公差。

"下偏差"列表框：设置最小公差或下偏差。

"高度比例"列表框：设置公差文字的当前高度。

"垂直位置"列表框：控制对称公差和极限公差的文字对正。

② "换算单位公差" 选项组：设置换算公差单位的格式。

"精度"列表框：显示和设置小数位数。

"消零" 选项组：控制不输出前导零和后续零以及零英尺和零英寸部分。

③ "预览"区：显示样例标注图像，可以显示对标注样式设置所做更改的效果。

6.2.3　尺寸的标注

标注尺寸可以使用"标注"工具栏，也可使用"标注"菜单。"标注"菜单包含了 AutoCAD 2007 的所有标注命令。

1．"线性"命令

"线性"命令用于创建水平和垂直方向的标注。系统将根据指定的尺寸界线原点或选择对象的位置自动应用水平或垂直标注。

1) 操作方法

(1) 单击"标注"工具栏上的"线性"按钮 ⊢┤。

(2) 单击下拉菜单"标注"→"线性"命令。

(3) 在命令行输入"dimlinear"并按"Enter"键。

2) 操作说明

命令: dimlinear✓　　　　　　　　　　　　　　　　　　　　　　　　　(执行命令)

指定第一条尺寸界线原点或 <选择对象>:　　　　　　　　　　(拾取第一条尺寸界线原点)

指定第二条尺寸界线原点:　　　　　　　　　　　　　　　(拾取第二条尺寸界线原点)

指定尺寸线位置或 [多行文字(M)/文字(T)/角度(A)/水平(H)/垂直(V)/旋转(R)]:

　　　　　　　　　　　　　　　　　　　　　　　　(定尺寸线位置或输入选项)

标注文字 ＝　　　　　　　　　　　　　　　　　　　　　　　　　　　(信息行)

(1) 第一条尺寸界线原点。指定第一条尺寸界线的原点之后，将提示指定第二条尺寸界线的原点。

(2) 选择对象。在选择对象之后，自动确定第一条和第二条尺寸界线的原点。

(3) 尺寸线位置。使用指定点定位尺寸线并且确定绘制尺寸界线的方向。指定位置之后，将绘制标注。

(4) 多行文字。显示在位文字编辑器，可用来编辑标注文字。要添加前缀或后缀，应在生成的测量值前或后输入前缀或后缀。要编辑或替换生成的测量值，需删除已有文字，输入新文字，然后单击"确定"按钮。

(5) 文字。在命令行自定义标注文字。

3) 应用举例

用"线性"命令标注如图 6.15 所示尺寸。其中，图形已用"直线"命令绘制完成；打开"对象捕捉"并设置"端点"捕捉模式。

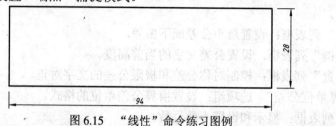

图 6.15　"线性"命令练习图例

命令: dimlinear↙　　　　　　　　　　　　　　　　　　　　　　　　(执行命令)
指定第一条尺寸界线原点或 <选择对象>:　　　　　　　　　　　　　(拾取左下角点)
指定第二条尺寸界线原点:　　　　　　　　　　　　　　　　　　　(拾取右下角点)
指定尺寸线位置或[多行文字(M)/文字(T)/角度(A)/水平(H)/垂直(V)/旋转(R)]:　(在下方适当位置点击)
标注文字 = 94　　　　　　　　　　　　　　　　　　　　　　　　(信息行)
命令: ↙　　　　　　　　　　　　　　　　　　　　　　　　(回车，再次执行命令)
指定第一条尺寸界线原点或 <选择对象>:　　　　　　　　　　　　　　　(回车)
选择标注对象:　　　　　　　　　　　　　　　　　　　　　　　(点选右侧竖线)
指定尺寸线位置或[多行文字(M)/文字(T)/角度(A)/水平(H)/垂直(V)/旋转(R)]:　(在右侧适当位置点击)
标注文字 = 28　　　　　　　　　　　　　　　　　　　　　　　　(信息行)

2. "对齐"命令

"对齐"命令用于创建与指定对象平行的标注。在对齐标注中，尺寸线平行于尺寸界线原点连成的直线。

1) 操作方法

(1) 单击"标注"工具栏上的"对齐"按钮 。
(2) 单击下拉菜单"标注"→"对齐"命令。
(3) 在命令行输入"dimaligned"并按"Enter"键。

2) 操作说明

命令: dimaligned↙　　　　　　　　　　　　　　　　　　　　　　　(执行命令)
指定第一条尺寸界线原点或 <选择对象>:　　　　　　　　　　(拾取第一条尺寸界线原点)
指定第二条尺寸界线原点:　　　　　　　　　　　　　　　(拾取第二条尺寸界线原点)
指定尺寸线位置或[多行文字(M)/文字(T)/角度(A)]:　　　　　(指定尺寸线的位置或输入选项)
标注文字 =　　　　　　　　　　　　　　　　　　　　　　　　(信息行)

(1) 第一条尺寸界线原点。指定第一条尺寸界线的原点之后，将提示指定第二条尺寸界线的原点。
(2) 选择对象。在选择对象之后，自动确定第一条和第二条尺寸界线的原点。
(3) 尺寸线位置。使用指定点定位尺寸线并且确定绘制尺寸界线的方向。指定位置之后，将绘制标注。

(4) 角度。修改标注文字的角度。

3) 应用举例

用"对齐"标注命令标注如图 6.16 所示尺寸。其中，图形已用"直线"命令绘制完成；打开"对象捕捉"并设置"端点"捕捉模式。

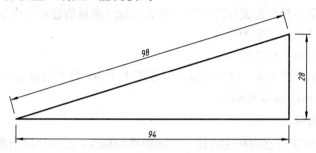

图 6.16　"对齐"命令练习图例

命令: _dimaligned　　　　　　　　　　　　　　　　　　　　　　　　　　(执行命令)

指定第一条尺寸界线原点或 <选择对象>:　　　　　　　　　　　　　　(拾取左下角点)

指定第二条尺寸界线原点:　　　　　　　　　　　　　　　　　　　　(拾取右上角点)

指定尺寸线位置或[多行文字(M)/文字(T)/角度(A)]:　　　　　(在斜线左上方适当位置点击)

标注文字 = 98

命令: ∠　　　　　　　　　　　　　　　　　　　　　　　　　　(回车，再次执行命令)

DIMALIGNED

指定第一条尺寸界线原点或 <选择对象>:　　　　　　　　　　　　　(回车，选择缺省项)

选择标注对象:　　　　　　　　　　　　　　　　　　　　　　　　　(点选横线)

指定尺寸线位置或[多行文字(M)/文字(T)/角度(A)]:　　　　　(在横线下侧适当位置点击)

标注文字 = 94

命令: ∠　　　　　　　　　　　　　　　　　　　　　　　　　　(回车，再次执行命令)

DIMALIGNED

指定第一条尺寸界线原点或 <选择对象>:　　　　　　　　　　　　　(回车，选择缺省项)

选择标注对象:　　　　　　　　　　　　　　　　　　　　　　　　　(点选竖线)

指定尺寸线位置或[多行文字(M)/文字(T)/角度(A)]:　　　　　(在竖线右侧适当位置点击)

标注文字 = 28

3. "弧长"命令

"弧长"命令用于创建圆弧或多段线所绘弧线段长度的标注。圆弧符号显示在标注文字的上方或前方，可以使用"标注样式管理器"指定位置。

1) 操作方法

(1) 单击"标注"工具栏上的"弧长"按钮 。

(2) 单击下拉菜单"标注"→"弧长"命令。

(3) 在命令行输入"dimarc"并按"Enter"键。

2) 操作说明

命令: _dimarc　　　　　　　　　　　　　　　　　　　　　　　　　(执行命令)

选择弧线段或多段线弧线段：　　　　　　　　　　　　　　　　　　　　　(选择弧线段)

指定弧长标注位置或 [多行文字(M)/文字(T)/角度(A)/部分(P)/引线(L)]:　　　(选择标注位置)

(1) 弧长标注位置：指定尺寸线的位置并确定尺寸界线的方向。

(2) 多行文字：显示在位文字编辑器，可用来编辑标注文字。

(3) 文字：在命令行自定义标注文字。生成的标注测量值显示在尖括号中。

(4) 角度：修改标注文字的角度。

(5) 部分：缩短弧长标注的长度。

(6) 引线：添加引线对象。仅当圆弧或弧线段大于 90º 时才会显示此选项。引线是按径向绘制的，指向所标注圆弧的圆心。

4. "坐标"命令

"坐标"命令创建原点到标注特征点之间距离的标注。系统使用当前 UCS 的绝对坐标值确定坐标值。在创建坐标标注之前，通常需要重设 UCS 原点与基准相符。

1) 操作方法

(1) 单击"标注"工具栏上的"坐标"按钮 ⬚。

(2) 单击下拉菜单"标注"→"坐标"命令。

(3) 在命令行输入"dimordinate"并按"Enter"键。

2) 操作说明

命令: _dimordinate　　　　　　　　　　　　　　　　　　　　　　　　(执行命令)

指定点坐标：　　　　　　　　　　　　　　　　　　　　　　　　　　　(指定点)

指定引线端点或 [X 基准(X)/Y 基准(Y)/多行文字(M)/文字(T)/角度(A)]:　　(指定引线端点)

(1) 指定引线端点：使用点坐标和引线端点的坐标差可确定它是 X 坐标标注还是 Y 坐标标注。

(2) X 基准：测量 X 坐标并确定引线和标注文字的方向。将显示"引线端点"提示，从中可以指定端点。

(3) Y 基准：测量 Y 坐标并确定引线和标注文字的方向。将显示"引线端点"提示，从中可以指定端点。

(4) 多行文字：显示在位文字编辑器，可用它来编辑标注文字。

(5) 文字：在命令行自定义标注文字。生成的标注测量值显示在尖括号中。

(6) 角度：修改标注文字的角度。

3) 应用举例

用"弧长"命令和"坐标"命令标注如图 6.17 所示尺寸和坐标。其中，图形已用"圆弧"命令绘制完成；打开"对象捕捉"并设置"端点"捕捉模式。

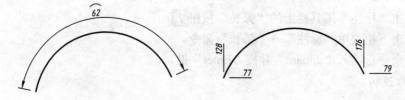

图 6.17　"半径"命令练习图例

(1) 标注弧长。

命令: _dimarc	(执行命令)
选择弧线段或多段线弧线段:	(点选弧段)
指定弧长标注位置或 [多行文字(M)/文字(T)/角度(A)/部分(P)/引线(L)]:	(上侧适当位置点击)
标注文字 = 62	

(2) 标注左端点坐标。

命令: _dimordinate	(执行命令)
指定点坐标:	(捕捉左端点)
指定引线端点或 [X 基准(X)/Y 基准(Y)/多行文字(M)/文字(T)/角度(A)]:	(光标右移，点击)
标注文字 = 77	
命令: ↙	(回车，再次执行命令)
DIMORDINATE	
指定点坐标:	(捕捉左端点)
指定引线端点或 [X 基准(X)/Y 基准(Y)/多行文字(M)/文字(T)/角度(A)]:	(光标上移，点击)
标注文字 = 128	

(3) 标注右端点坐标。

命令: ↙	(回车，再次执行命令)
DIMORDINATE	
指定点坐标:	(捕捉右端点)
指定引线端点或 [X 基准(X)/Y 基准(Y)/多行文字(M)/文字(T)/角度(A)]:	(光标右移，点击)
标注文字 = 79	
命令: ↙	(回车，再次执行命令)
DIMORDINATE	
指定点坐标:	(捕捉右端点)
指定引线端点或 [X 基准(X)/Y 基准(Y)/多行文字(M)/文字(T)/角度(A)]:	(光标上移，点击)
标注文字 = 176	

5. "半径"命令

"半径"命令用于创建圆和圆弧的半径标注，并显示前面带有字母"R"的标注文字。

1) 操作方法

(1) 单击"标注"工具栏上的"半径"按钮 。

(2) 单击下拉菜单"标注"→"半径"命令。

(3) 在命令行输入"dimradius"并按"Enter"键。

2) 操作说明

命令: _dimradius	(执行命令)
选择圆弧或圆:	(选择圆弧或圆)
标注文字 =	(信息行)
指定尺寸线位置或 [多行文字(M)/文字(T)/角度(A)]:	(指定尺寸线位置)

(1) 尺寸线位置：确定尺寸线的角度和标注文字的位置。

(2) 多行文字：显示在位文字编辑器，可用它来编辑标注文字。

(3) 文字：在命令行自定义标注文字。生成的标注测量值显示在尖括号中。

(4) 角度：修改标注文字的角度。

6. "折弯半径"命令

"折弯半径"命令用于无需指定圆弧或圆的圆心时创建折弯半径标注，并显示前面带有字母"R"的标注文字。

1) 操作方法

(1) 单击"标注"工具栏上的"半径"按钮 ⚡。

(2) 单击下拉菜单"标注"→"折弯"命令。

(3) 在命令行输入"dimjogged"并按"Enter"键。

2) 操作说明

命令: _dimjogged	(执行命令)
选择圆弧或圆:	(选择圆弧、圆)
指定中心位置替代:	(指定中心位置)
标注文字 ＝	(信息行)
指定尺寸线位置或 [多行文字(M)/文字(T)/角度(A)]:	(指定尺寸线位置)
指定折弯位置:	(指定折弯位置)

7. "直径"命令

"直径"命令用于创建圆和圆弧的直径标注，并显示前面带有直径符号"φ"的标注文字。

1) 操作方法

(1) 单击"标注"工具栏上的"直径"按钮 🔘。

(2) 单击下拉菜单"标注"→"直径"命令。

(3) 在命令行输入"dimdiameter"并按"Enter"键。

2) 操作说明

命令: _dimdiameter	(执行命令)
选择圆弧或圆:	(选择圆弧、圆)
标注文字 ＝	(信息行)
指定尺寸线位置或 [多行文字(M)/文字(T)/角度(A)]:	(指定尺寸线位置)

3) 应用举例

用"半径"、"折弯半径"和"直径"命令标注如图 6.18 所示尺寸。其中，图形已用"圆弧"命令和"圆"命令绘制完成。

图 6.18　"半径"、"折弯半径"和"直径"命令练习图例

(1) 标注半径。

命令: _dimradius   (执行命令)

选择圆弧或圆: (点选左侧圆弧)

标注文字 = 19

指定尺寸线位置或[多行文字(M)/文字(T)/角度(A)]:   (指定尺寸线位置，结束命令)

(2) 标注折弯半径。

命令: _dimjogged   (执行命令)

选择圆弧或圆: (点选中间圆弧)

指定中心位置替代: (指定假定圆心)

标注文字 = 20

指定尺寸线位置或 [多行文字(M)/文字(T)/角度(A)]:   (指定尺寸线位置)

指定折弯位置: (指定折弯位置)

(3) 标注直径。

命令: _dimdiameter   (执行命令)

选择圆弧或圆: (点选右侧圆弧)

标注文字 = 24

指定尺寸线位置或 [多行文字(M)/文字(T)/角度(A)]:   (指定尺寸线位置，结束命令)

8．"角度"命令

"角度"命令用于创建圆弧、圆、直线对象的角度标注。

1) 操作方法

(1) 单击"标注"工具栏上的"角度"按钮。

(2) 单击下拉菜单"标注"→"角度"命令。

(3) 在命令行输入"dimangular"并按"Enter"键。

2) 操作说明

命令: _dimangular   (执行命令)

选择圆弧、圆、直线或 <指定顶点>:   (选择对象)

(1) 若选择圆弧，则系统提示：

指定标注弧线位置或 [多行文字(M)/文字(T)/角度(A)]:   (指定标注线位置)

标注文字 =   (信息行)

(2) 若选择圆，则系统提示：

指定角的第二个端点: (指定角的第二个端点)

指定标注弧线位置或 [多行文字(M)/文字(T)/角度(A)]:   (指定标注线位置)

标注文字 =   (信息行)

(3) 若选择直线，则系统提示：

选择第二条直线: (选择第二条直线)

指定标注弧线位置或 [多行文字(M)/文字(T)/角度(A)]:   (指定标注线位置)

标注文字 =   (信息行)

① 选择圆弧：使用选定圆弧上的点作为三点角度标注的定义点。圆弧的圆心是角度的顶点。圆弧端点成为尺寸界线的原点。

② 选择圆：将第一选择点作为第一条尺寸界线的原点。圆的圆心是角度的顶点。

③ 选择直线：用两条直线定义角度。

④ 标注弧线位置：指定尺寸线的位置并确定绘制尺寸界线的方向。

⑤ 多行文字：显示在位文字编辑器，可用它来编辑标注文字。

3）应用举例

用"角度"命令标注如图 6.19 所示尺寸。其中，图形已用"直线"命令和"圆弧"命令绘制完成。

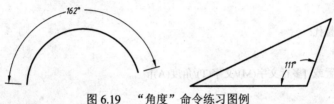

图 6.19　"角度"命令练习图例

(1) 标注圆弧角度。

命令: _dimangular   (执行命令)

选择圆弧、圆、直线或 <指定顶点>:   (点选圆弧)

指定标注弧线位置或 [多行文字(M)/文字(T)/角度(A)]:   （光标上移，点击）

标注文字 = 162

(2) 标注直线间角度。

命令: _dimangular   (执行命令)

选择圆弧、圆、直线或 <指定顶点>:   (点选下侧横线)

选择第二条直线: (点选右侧斜线)

指定标注弧线位置或 [多行文字(M)/文字(T)/角度(A)]:   （光标左上方移动，点击）

标注文字 = 111

9. "快速标注"命令

"快速标注"命令用于快速创建系列基线标注、连续标注，或为一系列圆或圆弧创建标注。

1）操作方法

(1) 单击"标注"工具栏上的"快速标注"按钮📐。

(2) 单击下拉菜单"标注"→"快速标注"命令。

(3) 在命令行输入"qdim"并按"Enter"键。

2）操作说明

命令: _qdim   (执行命令)

选择要标注的几何体: (选择要标注的对象或要编辑的标注)

指定尺寸线位置或 [连续(C)/并列(S)/基线(B)/坐标(O)/半径(R)/

直径(D)/基准点(P)/编辑(E)/设置(T)] <当前>:   (输入选项或按"Enter"键)

(1) 连续：创建一系列连续标注。

(2) 并列：创建一系列并列标注。

(3) 基线：创建一系列基线标注。

(4) 坐标：创建一系列坐标标注。

(5) 半径：创建一系列半径标注。

(6) 直径：创建一系列直径标注。

(7) 基准点：为基线和坐标标注设置新的基准点。

(8) 编辑：编辑一系列标注。将提示用户在现有标注中添加或删除点。

(9) 设置：为指定尺寸界线原点设置默认对象捕捉。

3) 应用举例

用"快速标注"命令标注如图6.20所示尺寸。其中，图形已用"直线"命令和"圆弧"命令绘制完成。

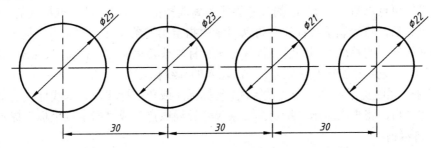

图6.20 "快速标注"命令练习图例

(1) 标注直径。

命令: _qdim	(执行命令)
关联标注优先级 = 端点	(信息行)
选择要标注的几何图形: 指定对角点: 找到 8 个	(窗交方式选择4个圆)
选择要标注的几何图形:	(信息行)
指定尺寸线位置或 [连续(C)/并列(S)/基线(B)/坐标(O)/半径(R)/直径(D)/	
基准点(P)/编辑(E)/设置(T)] <连续>:d	(输入直径选项 d)
指定尺寸线位置或 [连续(C)/并列(S)/基线(B)/坐标(O)/半径(R)/直径(D)/	
基准点(P)/编辑(E)/设置(T)] <直径>:	(圆内右上侧点击)

(2) 标注间距。

命令: _qdim	(执行命令)
关联标注优先级 = 端点	(信息行)
选择要标注的几何图形: 指定对角点: 找到 4 个	(窗交方式选择4条竖线)
选择要标注的几何图形:	(信息行)
指定尺寸线位置或 [连续(C)/并列(S)/基线(B)/坐标(O)/半径(R)/直径(D)/	
基准点(P)/编辑(E)/设置(T)] <连续>:c	(输入连续选项 c)
指定尺寸线位置或 [连续(C)/并列(S)/基线(B)/坐标(O)/半径(R)/直径(D)/	
基准点(P)/编辑(E)/设置(T)] <直径>:	(光标下移，点击)

10. "基线"命令

"基线"命令用于从上一个标注或选定标注的基线处创建线性标注、角度标注或坐标标注。

1) 操作方法

(1) 单击"标注"工具栏上的"基线"按钮□。

(2) 单击下拉菜单"标注"→"基线"命令。

(3) 在命令行输入"dimbaseline"并按"Enter"键。

2) 操作说明

命令: _dimbaseline　　　　　　　　　　　　　　　　　　　　　　　　(执行命令)

指定第二条尺寸界线原点或 [放弃(U)/选择(S)] <选择>:　　　　(拾取第二条尺寸界线原点)

标注文字 =　　　　　　　　　　　　　　　　　　　　　　　　　　　(信息行)

(1) 第二条尺寸界线原点。默认情况下，使用基准标注的第一条尺寸界线作为基线标注的尺寸界线原点。这时作为基准的尺寸界线是离选择拾取点最近的基准标注的尺寸界线。选择第二点之后，将绘制基线标注并再次显示"指定第二条尺寸界线原点"提示。要选择其他作为基线标注的基准使用的线性标注、坐标标注或角度标注，需按"Enter"键。

(2) 放弃。放弃在命令任务期间上一次输入的基线标注。

(3) 选择。系统提示选择一个线性标注、坐标标注或角度标注作为基线标注的基准。选择基准标注之后，将再次显示"指定第二条尺寸界线原点"或"指定点坐标"提示。

3) 应用举例

用"基线"命令标注如图 6.21 所示尺寸。其中图形已用"直线"命令绘制完成；打开"对象捕捉"并设置"端点"捕捉模式。

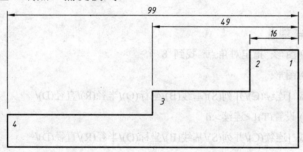

图 6.21　"基线"命令练习图例

(1) 标注小尺寸(基准标注)。

命令: _dimlinear　　　　　　　　　　　　　　　　　　　　　　　　(执行命令)

指定第一条尺寸界线原点或 <选择对象>:　　　　　　　　　　　　(捕捉 1 点)

指定第二条尺寸界线原点:　　　　　　　　　　　　　　　　　　　(捕捉 2 点)

指定尺寸线位置或

[多行文字(M)/文字(T)/角度(A)/水平(H)/垂直(V)/旋转(R)]:　　(在上方适当位置点击)

标注文字 = 16

(2) 标注基线尺寸。

命令: _dimbaseline　　　　　　　　　　　　　　　　　　　　　　　(执行命令)

指定第二条尺寸界线原点或 [放弃(U)/选择(S)] <选择>:　　　　　(捕捉 3 点)

标注文字 = 49

指定第二条尺寸界线原点或 [放弃(U)/选择(S)] <选择>:　　　　　(捕捉 4 点)

标注文字 = 99

指定第二条尺寸界线原点或 [放弃(U)/选择(S)] <选择>:   (回车)

选择基准标注: (回车,结束命令)

11. "继续"命令

"继续"命令用于从上一个标注或选定标注的第二条尺寸界线处创建线性标注、角度标注或坐标标注。

1) 操作方法

(1) 单击"标注"工具栏上的"连续"按钮 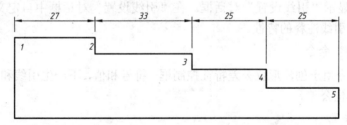。

(2) 单击下拉菜单"标注"→"连续"命令。

(3) 在命令行输入"dimcontinue"并按"Enter"键。

2) 操作说明

命令: _dimcontinue   `(执行命令)

指定第二条尺寸界线原点或 [放弃(U)/选择(S)] <选择>:   (拾取第二条尺寸界线原点)

标注文字 =   (信息行)

(1) 第二条尺寸界线原点。使用连续标注的第二条尺寸界线原点作为下一个标注的第一条尺寸界线原点。当前标注样式决定文字的外观。

(2) 放弃。放弃在命令任务期间上一次输入的连续标注。

(3) 选择。提示选择线性标注、坐标标注或角度标注作为连续标注。选择连续标注之后,将再次显示"指定第二条尺寸界线原点"或"指定点坐标"提示。

3) 应用举例

用"继续标注"命令标注如图 6.22 所示尺寸。其中图形已用"直线"命令绘制完成;打开"对象捕捉"并设置"端点"捕捉模式。

图 6.22 "继续"命令练习图例

(1) 标注小尺寸(基准标注)。

命令: _dimlinear   (执行命令)

指定第一条尺寸界线原点或 <选择对象>:   (捕捉 1 点)

指定第二条尺寸界线原点: (捕捉 2 点)

指定尺寸线位置或

[多行文字(M)/文字(T)/角度(A)/水平(H)/垂直(V)/旋转(R)]:   (在上方适当位置点击)

标注文字 = 27

(2) 标注继续尺寸。

命令: _dimcontinue   (执行命令)

指定第二条尺寸界线原点或 [放弃(U)/选择(S)] <选择>:   (捕捉 3 点)

标注文字 = 33

指定第二条尺寸界线原点或 [放弃(U)/选择(S)] <选择>:   (捕捉 4 点)

标注文字 = 25

指定第二条尺寸界线原点或 [放弃(U)/选择(S)] <选择>:   (捕捉 5 点)

标注文字 = 25

指定第二条尺寸界线原点或 [放弃(U)/选择(S)] <选择>:   (回车)

选择连续标注: (回车，结束命令)

12. "快速引线"命令

"快速引线"命令用于快速创建引线和引线注释，也可方便地用来标注形位公差。

1) 操作方法

(1) 单击"标注"工具栏上的"快速引线"按钮🖉。

(2) 单击下拉菜单"标注"→"引线"命令。

(3) 在命令行输入"qleader"并按"Enter"键。

2) 操作说明

命令: _qleader   (执行命令)

指定第一个引线点或 [设置(S)] <设置>:   (指定引线起始点)

指定下一点: (指定引线转折点)

指定下一点: (指定引线终止点)

指定文字宽度 <0>:   (指定多行文字注释的宽度)

输入注释文字的第一行 <多行文字(M)>:   (回车，弹出在位文字编辑器或输入文字)

(1) 第一个引线点：引线起始点。

(2) 设置：显示"引线设置"对话框。在"引线设置"对话框中自定义"Qleader"命令并设置引线和引线注释的特性。

13. "公差"命令

"公差"命令用于创建形位公差特征控制框、符号和值，不产生引线和箭头。常用"快速引线"标注形位公差。

1) 操作方法

(1) 单击"标注"工具栏上的"公差"按钮⊡。

(2) 单击下拉菜单"标注"→"公差"命令。

(3) 在命令行输入"tolerance"并按"Enter"键。

2) 操作说明

(1) 单击"标注"工具栏上的"公差"按钮，弹出"形位公差"对话框，如图 6.23 所示。

(2) 在"形位公差"对话框中，单击"符号"黑色方框，弹出"特征符号"选项板，如图 6.24 所示。从中选择需要的形位公差符号，选择结束后系统自动退出"特征符号"选项板并显示所选符号。

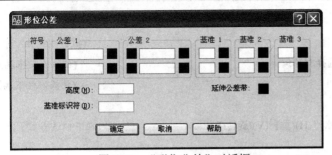

图 6.23　"形位公差"对话框

图 6.24　"特征符号"选项板

(3) 在"公差 1"文本框中输入形位公差的数值；若有基准，在"基准"文本框中输入基准代号。

(4) 设置完成后，单击"确定"按钮，在绘图区指定位置，完成形位公差符号的创建。

3)　"形位公差"对话框

"形位公差"对话框用来指定特征控制框的符号和值。各部分意义如下：

(1) "符号"框：单击"符号"框，显示"特征符号"选项板。

(2) "公差 1"文本框：创建特征控制框中的第一个公差值。可在公差值前插入直径符号，在其后插入包容条件符号。

① 第一个框：在公差值前面插入直径符号。

② 第二个框：创建公差值。在框中输入值。

③ 第三个框：显示"包容条件"对话框，从中选择修饰符号。

(3) "公差 2"文本框：在特征控制框中创建第二个公差值。

(4) "基准 1"：在特征控制框中创建第一级基准参照。基准参照由值和修饰符号组成。

① 第一个框：创建基准参照值。在框中输入值。

② 第二个框：显示"包容条件"对话框，从中选择修饰符号。这些符号可以作为基准参照的修饰符。

(5) "基准 2"文本框：在特征控制框中创建第二级基准参照。

(6) "基准 3"文本框：在特征控制框中创建第三级基准参照。

(7) "高度"文本框：创建特征控制框中的投影公差零值。

(8) "投影公差带"文本框：在延伸公差带值的后面插入延伸公差带符号。

(9) "基准标识符"文本框：创建由参照字母组成的基准标识符。

4)　应用举例

用"线性"命令和"快速引线"命令标注如图 6.25 所示尺寸和公差。

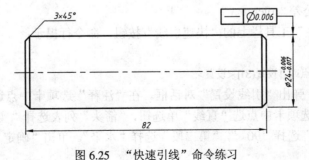

图 6.25　"快速引线"命令练习

(1) 标注圆柱的长度。

命令: _dimlinear　　　　　　　　　　　　　　　　　　　　　　　(执行"线性"命令)

指定第一条尺寸界线原点或 <选择对象>:　　　　　　　　　　　　　　(捕捉左侧下端点)

指定第二条尺寸界线原点:　　　　　　　　　　　　　　　　　　　　(捕捉右侧下端点)

指定尺寸线位置或

[多行文字(M)/文字(T)/角度(A)/水平(H)/垂直(V)/旋转(R)]:　　　　　(在下侧适当位置点击)

标注文字 = 82

(2) 标注圆柱的直径。

命令: _dimlinear　　　　　　　　　　　　　　　　　　　　　　　(执行"线性"命令)

指定第一条尺寸界线原点或 <选择对象>:　　　　　　　　　　　　　(捕捉右侧最下点)

指定第二条尺寸界线原点:　　　　　　　　　　　　　　　　　　　(捕捉右侧最上点)

指定尺寸线位置或

[多行文字(M)/文字(T)/角度(A)/水平(H)/垂直(V)/旋转(R)]: m　　(输入选项 m, 回车打开在位文字编辑
　　　　　器; 在其中给"24"前方添加直径符号"⌀", 后方输入上下偏差值及堆叠符号并按"堆叠"
　　　　　按钮完成堆叠; 按"确定"按钮退出在位文字编辑器)

指定尺寸线位置或

[多行文字(M)/文字(T)/角度(A)/水平(H)/垂直(V)/旋转(R)]:　　　　(在右侧适当位置点击)

标注文字 = 24

(3) 标注倒角。

① 单击"标注"工具栏上的"快速引线"按钮, 命令行提示:

命令: _qleader

指定第一个引线点或 [设置(S)] <设置>:

② 直接回车, 弹出"引线设置"对话框。在"注释"选项卡中点选"多行文字"单选钮; 在"引线和箭头"选项卡中点选"直线"单选钮, "箭头"列表选择"无", "角度约束"列表"第一段"选择"45°", "第二段"选择"水平"; 在"附着"选项卡中勾选"最后一行加下划线"。单击"确定"按钮退出对话框。系统接着提示:

指定第一个引线点或 [设置(S)] <设置>:　　　　　　　　　　　　(捕捉上侧左端点)

指定下一点:　　　　　　　　　　　　　　　　(沿 45° 追踪线上移, 位置适当点击)

指定下一点:　　　　　　　　　　　　　　　　(沿 0° 追踪线右移, 位置适当点击)

输入注释文字的第一行 <多行文字(M)>: 3*45%%d　　　　　　　　　　(输入尺寸)

输入注释文字的下一行:　　　　　　　　　　　　　　　　(回车, 结束标注)

(4) 标注形状公差。

① 单击"标注"工具栏上的"快速引线"按钮, 命令行提示:

命令: _qleader

指定第一个引线点或 [设置(S)] <设置>:

② 直接回车, 弹出"引线设置"对话框。在"注释"选项卡中点选"公差"单选钮; 在"引线和箭头"选项卡中点选"直线"单选钮, "箭头"列表选择"实心闭合", "角度约束"列表"第一段"选择"90°", "第二段"选择"水平"。单击"确定"按钮退出对话框。系统接着提示:

指定第一个引线点或 [设置(S)] <设置>:　　　　　　　　　　　　　　(捕捉直径标注的最上端)

指定下一点:　　　　　　　　　　　　　　　　　　　(沿 90° 追踪线上移，位置适当点击)

指定下一点:　　　　　　　　　　　　　　　　　　　(沿 180° 追踪线左移，位置适当点击)

这时弹出"形位公差"对话框。在对话框中，按图 6.26 设置。

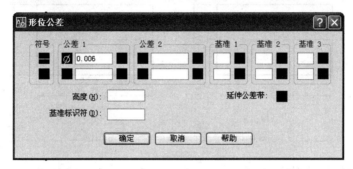

图 6.26　"形位公差"对话框相应设置

③ 设置完成，单击"确定"按钮；系统自动退出对话框并完成标注。

6.3　尺寸标注的编辑

图形的尺寸标注完成以后，可以对其进行必要的编辑处理。

6.3.1　"编辑标注"命令

"编辑标注"命令用于编辑标注对象上的标注文字和尺寸界线。

1．操作方法

(1) 单击"标注"工具栏上的"编辑标注"按钮。

(2) 在命令行输入"dimedit"并按"Enter"键。

2．操作说明

命令: _dimedit　　　　　　　　　　　　　　　　　　　　　　　　　(执行命令)

输入标注编辑类型 [默认(H)/新建(N)/旋转(R)/倾斜(O)] <默认>:　　　　(选择标注编辑类型)

(1) 默认(H)：将旋转标注文字移回默认位置。

(2) 新建(N)：使用在位文字编辑器更改标注文字。

(3) 旋转(R)：旋转标注文字。

(4) 倾斜(O)：调整线性标注尺寸界线的倾斜角度。

3．应用举例

用"编辑标注"命令将如图 6.27(1)所示尺寸修改为如图 6.27(2)所示尺寸。

命令: _dimedit　　　　　　　　　　　　　　　　　　　　　　　　　(执行命令)

输入标注编辑类型 [默认(H)/新建(N)/旋转(R)/倾斜(O)] <默认>: n　　　(输入选项 n)

这时，系统弹出在位文字编辑器。在文字显示区的"0"前面输入%%c，单击"确定"按钮返回绘图区，这时命令行提示：

选择对象：找到 1 个   (点选尺寸 23)

选择对象：   (回车，结束命令)

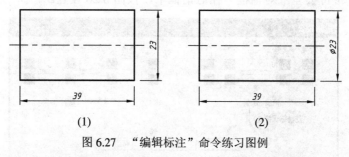

(1)   (2)

图 6.27   "编辑标注"命令练习图例

6.3.2   "编辑标注文字"命令

"编辑标注文字"命令用于移动和旋转标注文字 。

1．操作方法

(1) 单击"标注"工具栏上的"编辑标注文字"按钮 ⚞。

(2) 在命令行输入"dimtedit"并按"Enter"键。

2．操作说明

命令: _dimtedit   (执行命令)

选择标注：   (选择待编辑的标注)

指定标注文字的新位置或 [左(L)/右(R)/中心(C)/默认(H)/角度(A)]:   (定标注文字的新位置)

(1) 标注文字的新位置：拖曳时动态更新标注文字的位置。

(2) 左(L)：沿尺寸线左对正标注文字。本选项只适用于线性、直径和半径标注。

(3) 右(R)：沿尺寸线右对正标注文字。本选项只适用于线性、直径和半径标注。

(4) 中心(C)：将标注文字放在尺寸线的中间。

(5) 默认(H)：将标注文字移回默认位置。

(6) 角度(A)：修改标注文字的角度。

3．应用举例

用"编辑标注文字"命令将如图 6.28(1)所示尺寸修改为图 6.28(2)所示位置。

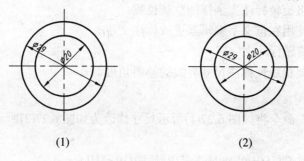

(1)   (2)

图 6.28   "编辑标注文字"命令练习图例

命令: _dimtedit （执行命令）

选择标注： （选择尺寸 ϕ20）

指定标注文字的新位置或 [左(L)/右(R)/中心(C)/默认(H)/角度(A)]: (光标向右上移动，位置适当点击)

命令： （回车，再次执行命令）

DIMTEDIT

选择标注： （选择尺寸 ϕ29）

指定标注文字的新位置或 [左(L)/右(R)/中心(C)/默认(H)/角度(A)]: (光标向右下移动，位置适当点击)

6.3.3 "标注更新"命令

"标注更新"命令用于把当前标注样式赋予指定的尺寸标注。

当发现某尺寸样式不合适时，可将正确的样式置为当前，用"标注更新"命令将不合适的标注样式置换为合适的当前样式。

6.3.4 夹点编辑尺寸标注

在尺寸标注在"冷夹点"状态和"热夹点"状态时，均可对其进行一些编辑。

(1) 尺寸标注在"冷夹点"状态。单击鼠标右键弹出快捷菜单，可进行以下操作：修改标注文字位置、修改数值精度、修改标注样式和修改箭头等。

(2) 尺寸标注在"热夹点"状态。单击鼠标右键弹出快捷菜单，可进行以下操作：移动、镜像、旋转、缩放和拉伸尺寸标注等。

6.4 课后练习

1. 单选题

(1) 在"文字样式"管理器中，系统默认的样式名是_____。

　(A) 默认　　　　　(B) 工程字体　　　　(C) 仿宋　　　　(D) standard

(2) 执行"多行文字"的命令是_____。

　(A) text　　　　　(B) mtext　　　　　(C) qtext　　　　(D) wblock

(3) 如果在一个数值前面添加正负号，则输入_____。

　(A) %%c　　　　　(B) %%p　　　　　(C) %%d　　　　(D) %%%

(4) 在当前标注样式中，如果将"使用全局比例"设置为 100，则字高为 3.5 mm 的尺寸数字，其实际高度是_____。

　(A) 100 mm　　　(B) 350 mm　　　(C) 3.5 mm　　　(D) 35 mm

(5) "编辑标注文字"命令编辑的是_____。

　(A) 尺寸标注样式　　　　　　　　　(B) 尺寸数字

　(C) 尺寸箭头　　　　　　　　　　　(D) 尺寸数字的位置

(6) 关于快速引线标注说法不正确的是＿＿＿＿＿。

(A) 可以标注形位公差　　　　　　(B) 引线一端可以没有箭头

(C) 不可以标注形位公差　　　　　(D) 文本位置可以设置

2. 思考题

(1) 如何设置文字样式？

(2) 为什么有时输入的汉字显示的是"？"？

(3) 如何改变已输入的单行文字的字体？

(4) 在输入多行文字时，如何对同一段文字的字体、大小进行不同的设置？

(5) 如何设置标注样式？

(6) "编辑标注"命令和"编辑标注文字"命令有何不同？

(7) "基线"命令和"继续"命令标注有何不同？

(8) 在"新建标注样式"对话框中，"基线间距"的含义是什么？

(9) 如何编辑标注尺寸中的数值？

3. 绘图题

(1) 根据所注尺寸，绘制如图 6.29 所示的标题栏。其中：汉字为字体"仿宋_GB2312"字体（"宽度比例"文本框数值设置为 0.7）；字高为 7.5 mm 和 5 mm。

图 6.29　上机练习(1)

(2) 根据所注尺寸，绘制如图 6.30 所示图表。其中：汉字为字体"仿宋_GB2312"（"宽度比例"文本框数值设置为 0.7)，数字和字母为字体"gbeitc.shx"；字高为 7.5 mm 和 5 mm。

标准幅面及图框尺寸					
幅面代号	A0	A1	A2	A3	A4
$L \times B$	1189×841	841×594	594×420	420×297	297×210
c	10			5	
a	25				

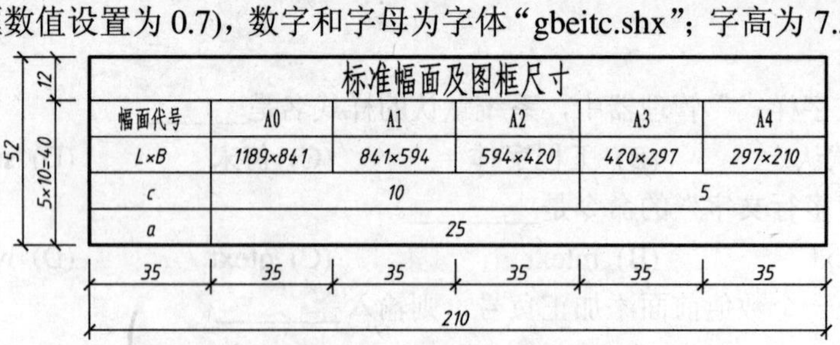

图 6.30　上机练习(2)

(3) 用"多行文字"命令输入如图 6.31 所示文字。其中：汉字为字体"仿宋_GB2312"（"宽度比例"文本框数值设置为 0.7)，数字和字母为字体"gbeitc.shx"；字高为 10 mm。

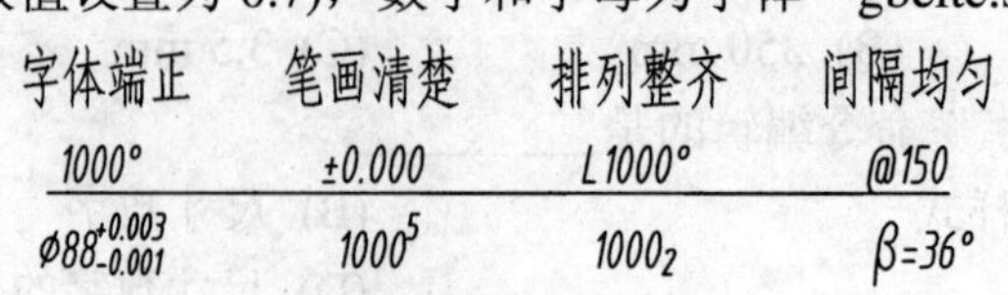

字体端正　　　笔画清楚　　　排列整齐　　　间隔均匀

$1000°$　　　±0.000　　　$L\,1000°$　　　@150

$\phi 88^{+0.003}_{-0.001}$　　　1000^5　　　1000_2　　　$\beta=36°$

图 6.31　上机练习(3)

(4) 绘制如图 6.32 所示图形，并标注尺寸。

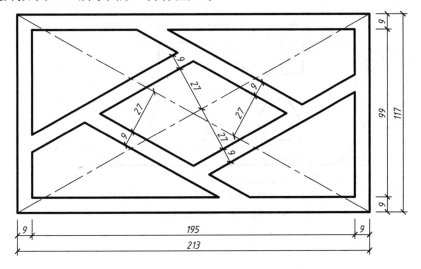

图 6.32 上机练习(4)

(5) 绘制如图 6.33 所示图形，并标注尺寸。

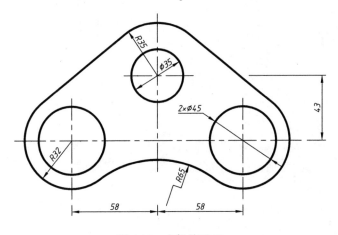

图 6.33 上机练习(5)

(6) 绘制如图 6.34 所示图形，并标注尺寸。

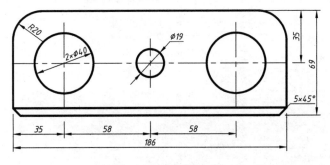

图 6.34 上机练习(5)

(7) 绘制如图 6.35 所示图形，并标注尺寸。

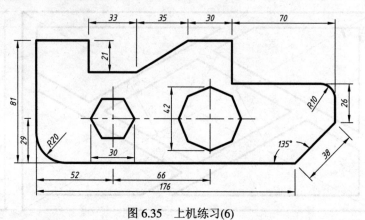

图 6.35 上机练习(6)

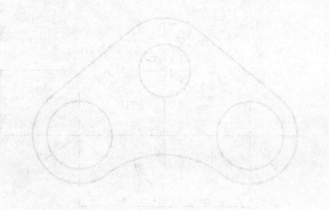

第7章 三维实体的绘制

☞本章介绍了三维实体绘制的相关知识，主要内容包括：三维建模工作空间、三维实体的绘制、三维实体的编辑、三维实体的绘制举例等。

7.1 三维建模工作空间

AutoCAD 2007 为用户提供了"三维建模"和"AutoCAD 经典"两种工作空间模式。在 AutoCAD 中绘制三维实体，应首先进入"三维建模"工作空间，并按需要对界面进行设置。"三维建模"工作空间仅包含与三维相关的菜单栏、工具栏、工具选项板和面板，如图 7.1 所示。

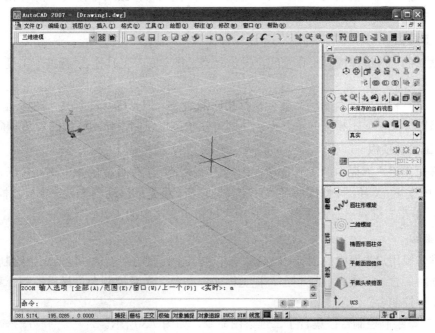

图 7.1 "三维建模"工作空间

7.1.1　三维建模工作空间的进入

1．由二维绘图空间进入三维建模空间

当前工作空间为二维绘图空间，要进入三维建模空间，可在二维绘图界面左上角的"工作空间"工具栏的下拉列表中选择"三维建模"项(如图 7.2 所示)，则进入三维绘图界面。

图 7.2　"工作空间"工具栏下拉列表

2．新建三维建模文件

要新建三维建模文件，可单击"文件"下拉菜单的"新建"命令，打开"选择样板"对话框；在"名称"下拉列表中选择"acadiso3D.dwt"，单击"打开"按钮进入三维绘图界面。

7.1.2　三维建模的用户界面

1．菜单栏

同"AutoCAD 经典"工作空间相同，"三维建模"工作空间也包含了"文件"、"编辑"、"视图"、"插入"、"格式"、"工具"、"绘图"、"标注"、"修改"、"窗口"和"帮助"等 11 个菜单。在这些菜单中，几乎包含了 AutoCAD 2007 的所有命令。

2．工具栏

在默认的"三维建模"工作空间，仅包含"工作空间"工具栏、"标准"工具栏和"图层"工具栏。

单击工具栏中的某个图标，就会执行相应的命令。把光标移动到某个图标上，稍停片刻即在该图标一侧显示相应的工具提示；同时在状态栏左侧，显示对应的说明和命令名。

3．工具选项板

三维建模用户界面中的工具选项板，默认状态下在工作界面的右下侧，包括建模、命令工具、图案填充、绘图、修改等各关联工具选项板。将光标移动到工具选项板的控制柄(凸起条)处，单击右键弹出右键菜单，在其中可以自定义需要的工具选项板。

4．面板

三维建模用户界面中的面板，默认状态下在工作界面的右上侧，包括二维绘制控制台、三维制作控制台、三维导航控制台、视觉样式控制台、光源控制台、材质控制台和渲染控制台等 7 种控制台。

(1) 二维绘制控制台：集合了二维绘图命令，如图 7.3 所示。

(2) 三维制作控制台：集合了三维绘图命令，如图 7.4 所示。

图 7.3 二维绘制控制台

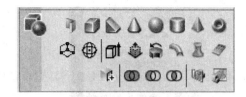

图 7.4 三维制作控制台

(3) 三维导航控制台：集合了显示三维实体的视图环境和观察方式的命令，如图 7.5 所示。

(4) 视觉样式控制台：集合了显示三维实体的视觉样式和颜色显示方式的命令，如图 7.6 所示。

图 7.5 三维导航控制台

图 7.6 视觉样式控制台

7.1.3 三维建模用户界面的设置

进入"三维建模"工作空间，需对界面进行必要的设置。设置后，显示具有地平面(UCS 的 XY 平面为水平面)、矩形栅格、西南等轴测方向的三维真实视觉界面。

1. 三维视图的显示

1) 操作方法

(1) 单击下拉菜单"视图"→"三维视图"→"西南等轴测"命令。

(2) 选择面板"三维导航控制台"→"西南等轴测"命令。

2) 操作说明

如图 7.7 所示，选择面板"三维导航控制台"中的"西南等轴测"命令后，绘图区将显示西南等轴测方向的三维绘图界面。

2. 三维真实视觉的显示

1) 操作方法

(1) 单击下拉菜单"视图"→"视觉样式"→"真实"命令。

(2) 选择面板"视觉样式控制台"→"真实"命令。

2) 操作说明

如图 7.8 所示，选择面板"视觉样式控制台"中的"真实"命令后，绘图区显示具有地平面(UCS 的 XY 平面为水平面)及矩形栅格的三维真实视觉用户界面。

设置后，显示具有地平面(UCS 的 XY 平面为水平面)、矩形栅格、西南等轴测方向的三维真实视觉用户界面。

特别注意：如果启动 AutoCAD 打开"工作空间"对话框后，选择了"三维建模"选项，AutoCAD 将直接进入"三维建模"工作空间，并直接显示设置后的三维建模用户界面。

图 7.7　显示三维视图设置

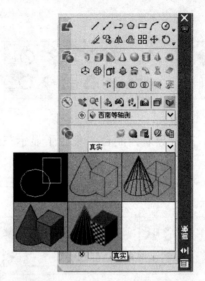
图 7.8　显示三维真实视觉设置

7.2　三维实体的绘制

AutoCAD 2007 提供了多种绘制三维实体的方法，可根据已知条件，选择适当的绘图方法。

7.2.1　基本形体命令的应用

AutoCAD 2007 三维绘图界面三维制作控制台中集合了创建基本形体的绘图命令，包括创建多段体、长方体、楔体、圆锥体、球体、圆柱体、棱锥面和圆环体等。

用基本形体命令绘制实体，一般包括两个步骤：一是确定基本形体的位置，二是指定基本形体所需的参数(如半径、高度等)。下面以实例说明具体画法步骤。

绘制一个底面平行于水平面，底面半径为 80 mm，高为 120 mm 的圆柱体。

(1) 创建一个新的三维建模文件。单击"文件"下拉菜单的"新建"命令，打开"选择样板"对话框；在"名称"下拉列表中选择"acadiso3D.dwt"，单击"打开"按钮进入三维绘图用户界面。

(2) 选择视图环境。在三维导航控制台的下拉列表中先选择"俯视"项，然后再选择"西南等轴测"项，这时系统显示水平工作平面。

(3) 执行"圆柱体"命令。单击面板三维制作控制台的"圆柱体"按钮，按照如下提示操作：

命令: _cylinder　　　　　　　　　　　　　　　　　　　　　　　　　　　　(执行命令)

指定底面的中心点或 [三点(3P)/两点(2P)/相切、相切、半径(T)/椭圆(E)]: (在适当位置点击，定位置)

指定底面半径或 [直径(D)]: 80↙　　　　　　　　　　　　　　　　(输入半径 80，回车)

指定高度或 [两点(2P)/轴端点(A)]: 120↙　　　　　　　　　　　　(输入高度 120，回车)

结果如图 7.9 所示。

图 7.9 底面为水平面的圆柱体

特别注意:

(1) 如果需要形体的底面平行于正立面,选择视图环境时应在三维导航控制台的下拉列表中先选择"主视"项,然后再选择"西南等轴测"项,则系统显示正立工作平面,绘出的形体底面平行于正立面。如以上述大小的圆柱体为例,显示效果如图 7.10 所示。

(2) 如果需要形体的底面平行于侧立面,选择视图环境时应在三维导航控制台的下拉列表中先选择"左视"项,然后再选择"西南等轴测"项,则系统显示侧立工作平面,绘出的形体底面平行于侧立面。如以上述大小的圆柱体为例,显示效果如图 7.11 所示。

图 7.10 底面为正立面的圆柱体　　　　　图 7.11 底面为侧立面的圆柱体

7.2.2 拉伸命令的应用

用拉伸命令绘制实体,就是将二维对象沿其所在平面的法线方向或指定路径拉伸成三维对象。"拉伸"命令可以拉伸的二维对象包括面域、封闭多段线、多边形、圆、椭圆、封闭样条曲线和圆环等。如果用"直线"命令或"圆弧"命令绘制二维对象,则需要先用"面域"(Region)命令将它们转换成面域,然后才能拉伸。

用拉伸命令绘制实体,一般步骤为:首先绘制二维封闭线框和拉伸路径,然后把线框生成面域(如果是可以拉伸的二维对象,此步骤略去),最后用"拉伸"命令生成实体。下面以实例说明具体画法步骤。

绘制如图 7.12 所示尺寸对应的三维实体。

(1) 创建一个新的三维建模文件。单击"文件"下拉菜单的"新建"命令,打开"选择样板"对话框;在"名称"下拉列表中选择"acadiso3D.dwt",单击"打开"按钮进入三维绘图界面。

(2) 选择视图环境。在三维导航控制台的下拉列表中先选择"主视"项,然后再选择

"西南等轴测"项，这时系统显示正立工作平面。

(3) 绘制正立面图。用二维绘制控制台中的二维绘图命令绘制如图 7.12 所示的正立面图。

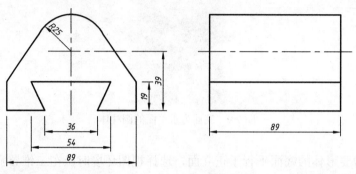

图 7.12　"拉伸"命令练习图例(1)

(4) 生成面域。用二维绘制控制台中的"面域"命令将所绘制的正立面图生成面域。

(5) 拉伸成三维实体。单击三维制作控制台的"拉伸"命令按钮，按照如下提示操作：

命令: _extrude　　　　　　　　　　　　　　　　　　　　　　　(执行命令)

当前线框密度：ISOLINES=4　　　　　　　　　　　　　　　　　(信息行)

选择要拉伸的对象：　　　　　　　　　　　　　　　　　　　(点选生成的面域)

指定拉伸的高度或 [方向(D)/路径(P)/倾斜角(T)]:89↙　　(输入 89，回车结束命令)

结果如图 7.13(1)所示。若这时在三维导航控制台的下拉列表中选择 "东南等轴测"项，则结果如图 7.13(2)所示。

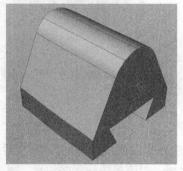

(1) 西南等轴测

(2) 东南等轴测

图 7.13　"拉伸"命令练习图例(2)

7.2.3　旋转命令的应用

用旋转命令绘制实体，就是将二维对象绕指定的轴线旋转，形成三维对象。旋转的二维对象必须是闭合的，并且应是一个整体。"旋转"命令可以旋转的二维对象包括面域、封闭多段线、多边形、圆、椭圆、封闭样条曲线和圆环等。如果用"直线"命令或"圆弧"命令绘制二维对象，则需要先用"面域"命令将它们转换成面域，然后才能旋转；旋转的轴线可以是直线或多段线对象，也可以指定两个点，将这两点确定的直线作为轴线。

用旋转命令绘制实体，一般步骤为：首先绘制二维封闭线框和旋转轴线，然后把线框生成面域(如果是可以旋转的二维对象，此步骤略去)，最后用"旋转"命令生成实体。下面以实例说明具体画法步骤。

绘制与图 7.14 所示尺寸对应的三维实体。

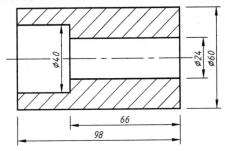

图 7.14 "旋转"命令练习图例(1)

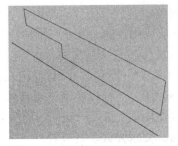

图 7.15 封闭线框和旋转轴线

(1) 创建一个新的三维建模文件。单击"文件"下拉菜单的"新建"命令，打开"选择样板"对话框；在"名称"下拉列表中选择"acadiso3D.dwt"，单击"打开"按钮进入三维绘图界面。

(2) 选择视图环境。在三维导航控制台的下拉列表中先选择"左视"项，然后再选择"西南等轴测"项；系统显示侧立工作平面。

(3) 绘制封闭线框和旋转轴线。用二维绘制控制台中的二维绘图命令绘制如图 7.15 所示的封闭线框和旋转轴线。

(4) 生成面域。用二维绘制控制台中的"面域"命令将所绘制的封闭线框生成面域。

(5) 旋转成三维实体。单击三维制作控制台的"旋转"按钮，按照如下提示操作：

命令：_revolve	(执行命令)
当前线框密度： ISOLINES=4	(信息行)
选择要旋转的对象：找到 1 个	(点选生成的面域)
选择要旋转的对象：✓	(回车，结束选择)
指定轴起点或根据以下选项之一定义轴 [对象(O)/X/Y/Z] <对象>:	(捕捉右下端点)
指定轴端点：	(捕捉左上端点)
指定旋转角度或 [起点角度(ST)] <360>: ✓	(回车，结束命令)

删除旋转轴线，结果如图 7.16(1)所示。若这时在三维导航控制台的下拉列表中选择"东北等轴测"项，则结果如图 7.16(2)所示。

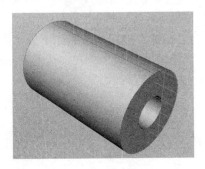

(1) 西南等轴测

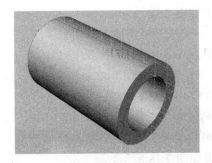

(2) 东北等轴测

图 7.16 "旋转"命令练习图例(2)

7.2.4　扫掠命令的应用

用扫掠命令绘制实体，就是将二维对象沿指定路径以指定轮廓的形状(扫掠对象)形成三维对象。开放或闭合的平面曲线都可以作为扫掠对象，但是这些对象必须位于同一平面中。开放或闭合的二维或三维曲线都可以作为扫掠路径。如果沿一条路径扫掠闭合的曲线，则生成实体。

扫掠与拉伸不同，沿路径扫掠轮廓时，轮廓将被移动并与路径垂直对齐，然后沿路径扫掠该轮廓。下面以实例说明具体画法步骤。

绘制圈数为 8 圈，底面、顶面半径均为 20 mm，螺旋高度为 80 mm，簧丝直径为 6 mm 的弹簧。要求弹簧竖直放置。

(1) 创建一个新的三维建模文件。

(2) 选择视图环境。设置图层"0"的线宽为"0.5"。在三维导航控制台的下拉列表中先选择"俯视"项，然后再选择"西南等轴测"项，系统则显示水平工作平面。

(3) 绘制螺旋和圆。用三维制作控制台的"螺旋"命令绘制圈数为 8 圈，底面、顶面半径均为 20 mm，螺旋高度为 80 mm 的螺旋，将作为扫掠路径；用二维绘制控制台中的"圆"命令绘制半径为 3 mm 的圆，将作为要扫掠的对象。按照如下提示操作：

① 用"螺旋"命令绘制螺旋：

命令: _Helix　　　　　　　　　　　　　　　　　　(执行命令)

圈数 = 3　　　　　扭曲=CCW　　　　　　　　　　(信息行)

指定底面的中心点：　　　　　　　　　　　　(在适当位置指定中心点)

指定底面半径或 [直径(D)] <1>: 20✓　　　　　　(输入 20，回车)

指定顶面半径或 [直径(D)] <20>:✓　　　　　　　(回车确认)

指定螺旋高度或 [轴端点(A)/圈数(T)/圈高(H)/扭曲(W)] <1>: t✓　(输入选项 t，回车)

输入圈数 <3>: 8✓　　　　　　　　　　　　　　(输入圈数 8，回车)

指定螺旋高度或 [轴端点(A)/圈数(T)/圈高(H)/扭曲(W)] <1>: 80✓　(输入 80，回车结束)

② 用"圆"命令绘制圆：

命令: _circle　　　　　　　　　　　　　　　　　(执行命令)

指定圆的圆心或 [三点(3P)/两点(2P)/相切、相切、半径(T)]:　(在适当位置指定圆心)

指定圆的半径或 [直径(D)] <3>: 3✓　　　　　　　(输入 3，回车)

结果如图 7.17 所示。

(4) 扫掠成三维实体。单击三维制作控制台的"扫掠"按钮，按照如下提示操作：

命令: _sweep　　　　　　　　　　　　　　　　　(执行扫掠命令)

当前线框密度：ISOLINES=4　　　　　　　　　　(信息行)

选择要扫掠的对象: 找到 1 个　　　　　　　　　　(点选圆)

选择要扫掠的对象:　　　　　　　　　　　　　　(回车，结束选择)

选择扫掠路径或 [对齐(A)/基点(B)/比例(S)/扭曲(T)]:　(点选螺旋)

结果如图 7.18 所示。

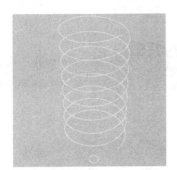

图 7.17 螺旋和圆

图 7.18 "扫掠"命令练习图例

7.2.5 动态 UCS 的应用

在 AutoCAD 2007 中，激活动态 UCS，可以不改变视图环境直接绘制底面与选定平面(三维实体的某一个平面)平行的基本形体。下面以实例说明具体画法步骤。

绘制如图 7.19 所示形体上的圆锥体。其中平面体已用"楔体"命令绘制完成。

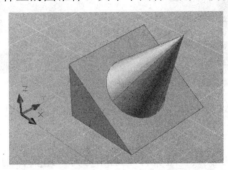

图 7.19 动态 UCS 应用练习图例(1)

(1) 打开动态 UCS：单击状态栏的"UCS"按钮，使其凹下。

(2) 执行"圆锥体"命令：单击面板上三维制作控制台中的"圆锥体"命令。

(3) 确定圆锥体底面：将光标移动到圆锥体底面所在的斜面上，这时动态 UCS 将会临时自动将 UCS 的 XY 平面与该斜面重合，如图 7.20 所示。

(4) 按命令行提示：完成圆锥体底面，如图 7.21 所示。

(5) 确定圆锥体高度：按命令行提示，输入圆锥体高度，完成绘制。

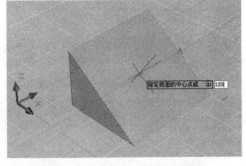

图 7.20 动态 UCS 应用练习图例(2)

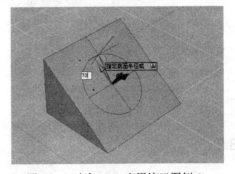

图 7.21 动态 UCS 应用练习图例(3)

7.3　三维实体的编辑

7.3.1　布尔运算

布尔运算可以创建空间结构复杂的立体，包括并集、差集和交集三个命令。图 7.22 为通过移动命令放在一起的长方体和圆柱体，通过布尔运算，其结果明显不同。

1．并集

使用"并集"命令，可以合并两个或两个以上实体(或面域)成为一个复合对象。图 7.23 为长方体和圆柱体执行"并集"命令后的结果。

图 7.22　长方体与圆柱体

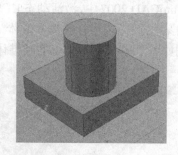

图 7.23　应用"并集"命令的结果

2．差集

使用"差集"命令，可以从一组实体中删除与另一组实体的公共区域。图 7.24 为长方体和圆柱体执行"差集"命令后的结果。

3．交集

使用"交集"命令，可以由两个或两个以上重叠实体的公共部分创建复合实体。"交集"命令用于删除非重叠部分，并由公共部分创建复合实体。图 7.25 为长方体和圆柱体执行"交集"命令后的结果。

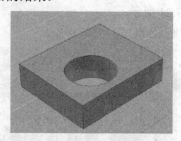

图 7.24　应用"差集"命令的结果

图 7.25　应用"交集"命令的结果

7.3.2　三维移动

"三维移动"命令用于沿指定方向将对象移动到指定距离。

1．操作方法

(1) 单击三维制作控制台上的"三维移动"按钮⊠。

(2) 单击"建模"工具栏上的"三维移动"按钮⊠。

(3) 单击下拉菜单"修改"→"三维操作"→"三维移动"命令。

(4) 在命令行输入"3dmove"并按"Enter"键。

2．操作说明

命令: _3dmove　　　　　　　　　　　　　　　　　　　　　　　　　　　　　　　(执行命令)

选择对象:　　　　　　　　　　　　　　　　　　　　　　　　　　　　　　　(选择移动对象)

选择对象:　　　　　　　　　　　　　　　　　　　　　　　　　　　　　　　(回车，结束选择)

指定基点或 [位移(D)] <位移>:　　　　　　　　　　　　　　　　　　　　　　　(指定基点)

指定第二个点或 <使用第一个点作为位移>: 正在重生成模型。　　　　　　　　　(指定新位置点)

(1) 将移动夹点工具放置在原点(0,0,0)。输入的坐标值将指定相对距离和方向。

(2) 将指针移动到面、直线段和多段线线段时，可以按"Ctrl+D"组合键打开动态 UCS 重排夹点工具。夹点工具根据指针跨越的面、边来确定工作平面的方向。单击放置夹点工具，此操作将约束移动操作的方向。

(3) 二维"移动"命令也可以移动三维实体。

7.3.3　三维旋转

"三维旋转"命令用于在三维视图中显示旋转夹点工具并围绕基点旋转对象。

1．操作方法

(1) 单击三维制作控制台上的"三维旋转"按钮⊚。

(2) 单击"建模"工具栏上的"三维旋转"按钮⊚。

(3) 单击下拉菜单"修改"→"三维操作"→"三维旋转"命令。

(4) 在命令行输入"3drotate"并按"Enter"键。

2．操作说明

命令: _3drotate　　　　　　　　　　　　　　　　　　　　　　　　　　　　　(执行命令)

UCS 当前的正角方向:　ANGDIR=逆时针　ANGBASE=0　　　　　　　　　　(信息行)

选择对象:　　　　　　　　　　　　　　　　　　　　　　　　　　　　　　　(选择对象)

选择对象:　　　　　　　　　　　　　　　　　　　　　　　　　　　　　　　(回车，结束选择)

指定基点:　　　　　　　　　　　　　　　　　　　　　　　　　　　　　　　(指定基点)

拾取旋转轴:　　　　　　　　　　　　　　　　　　　　　　　　　　　　　　(指定旋转轴)

指定角的起点:　　　　　　　　　　　　　　　　　　　　　　　　　　　　(指定旋转角的起点)

指定角的端点: 正在重生成模型。　　　　　　　　　　　　　　　　　　　(指定旋转角的末点)

(1) 将指针移动到面、直线段和多段线线段时，可以按"Ctrl + D"组合键打开动态 UCS 重排夹点工具。夹点工具根据指针跨越的面、边来确定工作平面的方向。单击放置夹点工具，此操作将约束移动操作的方向。

(2) 放置夹点工具之前，再次按"Ctrl+D"组合键来关闭动态 UCS 将恢复夹点工具的方向，使其匹配静态 UCS。

7.3.4　三维剖切

"三维剖切"命令可以用平面或曲面剖切现有实体并创建新实体。剖切实体时，可以保留剖切实体的一半或全部。剖切实体保留原实体的图层和颜色特性。

1. 操作方法

(1) 单击三维制作控制台上的"剖切"按钮 ⚒。
(2) 单击下拉菜单"修改"→"三维操作"→"剖切"命令。
(3) 在命令行输入"slice"并按"Enter"键。

2. 操作说明

命令: _slice   (执行命令)
选择要剖切的对象: (选择要剖切的对象)
选择要剖切的对象: (回车，结束选择)
指定切面的起点或 [平面对象(O)/曲面(S)/Z 轴(Z)/视图(V)/XY/YZ/ZX/三点(3)] <三点>:

(1) 平面对象：将剪切面与圆、椭圆、圆弧、椭圆弧、二维样条曲线或二维多段线对齐。
(2) 曲面：将剪切平面与曲面对齐。
(3) Z 轴：通过平面上指定一点和在平面的 Z 轴(法向)上指定另一点来定义剪切平面。
(4) 视图：将剪切平面与当前视口的视图平面对齐。指定一点定义剪切平面的位置。
(5) XY、YZ、ZX：分别指将剪切平面与当前用户坐标系(UCS)的 XY 平面、YZ 平面、ZX 平面对齐。
(6) 三点：用三点定义剪切平面。可以保留剖切实体的所有部分，或者保留指定的部分。剖切实体保留原实体的图层和颜色特性。

3. 应用实例

用"三维移动"、"三维旋转"和"三维剖切"命令将如图 7.26 所示图形修改为如图 7.27 所示图形。其中圆柱体和圆环体已经用"圆柱体"命令和"圆环体"命令绘制完成；打开"对象捕捉"并设置"圆心"和"象限点"捕捉模式。

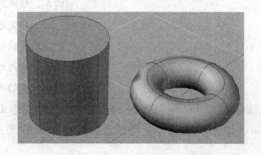

图 7.26　三维实体编辑练习图例(1)　　　　图 7.27　三维实体编辑练习图例(2)

(1) 将圆环体移动到圆柱体上底面(如图 7.28 所示)。

命令: _3dmove	(执行命令)
选择对象: 找到 1 个	(点选圆环体)
选择对象: ✓	(回车，结束选择)
指定基点或 [位移(D)] <位移>:	(捕捉圆环体的几何中心)
指定第二个点或 <使用第一个点作为位移>:	(捕捉圆柱体上底面的圆心)

(2) 将圆环体旋转 90º(如图 7.29 所示)。

命令: _3drotate	(执行命令)
UCS 当前的正角方向：　ANGDIR=逆时针　ANGBASE=0	(信息行)
选择对象: 找到 1 个	(点选圆环体)
选择对象: ✓	(回车，结束选择)
指定基点:	(捕捉圆环体的几何中心)
拾取旋转轴:	(指定穿过圆环体的几何中心正垂线)
指定角的起点:	(指定穿过圆环体的几何中心侧垂线右端)
指定角的端点:	(指定穿过圆环体的几何中心铅垂线上端)

 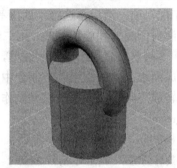

图 7.28　三维实体编辑练习图例(3)　　　图 7.29　三维实体编辑练习图例(4)

(3) 将圆柱体和圆环体剖切。

命令: _slice	(执行命令)
选择要剖切的对象: 指定对角点: 找到 2 个	(窗选圆柱体和圆环体)
选择要剖切的对象: ✓	(回车，结束选择)
指定切面的起点或 [平面对象(O)/曲面(S)/Z 轴(Z)/	
视图(V)/XY/YZ/ZX/三点(3)] <三点>:	(捕捉圆柱体下底面的左象限点)
指定平面上的第二个点:	(捕捉圆柱体上底面的左象限点)
指定平面上的第二个点:	(捕捉圆柱体上底面的圆心)
在所需的侧面上指定点或 [保留两个侧面(B)] <保留两个侧面>:	(在形体的左后方点取)

7.4　三维实体的绘制举例

以图 7.30 所示图形为例，说明三维实体的绘图步骤。

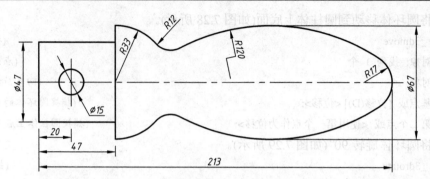

图 7.30　三维实体绘制图例

具体操作步骤如下：

(1) 创建一个新的三维建模文件。单击"文件"下拉菜单的"新建"命令，打开"选择样板"对话框；在"名称"下拉列表中选择"acadiso3D.dwt"，单击"打开"按钮进入三维绘图界面。

(2) 绘制主体结构。

① 选择视图环境。设置图层"0"的线宽为"0.5"。在三维导航控制台的下拉列表中先选择"左视"项，然后再选择"西南等轴测"项，系统显示侧立工作平面。

② 绘制封闭线框和旋转轴线。用二维绘制控制台中的"直线"命令、"圆"命令、"圆角"命令和"修剪"命令绘制封闭线框，如图 7.31 所示。

③ 生成面域。用二维绘制控制台中的"面域"命令将所绘制的封闭线框生成面域。

④ 旋转成三维实体。单击三维制作控制台的"旋转"命令按钮，按照如下提示操作：

命令：_revolve	(执行命令)
当前线框密度：　ISOLINES=4	(信息行)
选择要旋转的对象: 指定对角点: 找到 1 个	(点选生成的面域)
选择要旋转的对象: ↙	(回车，结束选择)
指定轴起点或根据以下选项之一定义轴 [对象(O)/X/Y/Z] <对象>:	(捕捉面域的前下端点)
指定轴端点:	(捕捉面域的后下端点)
指定旋转角度或 [起点角度(ST)] <360>:	(回车，确认缺省项)

结果如图 7.32 所示。

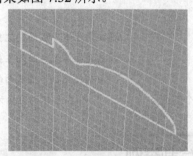

图 7.31　主体结构封闭线框

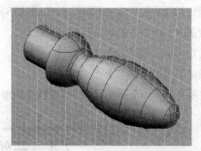

图 7.32　主体结构三维实体

(3) 绘制圆柱体。

① 选择视图环境。视图环境如上设置，不用改变。

② 用"圆柱体"命令绘制圆柱体。单击三维制作控制台的"圆柱体"命令按钮，按照

如下提示操作：

命令: _cylinder (执行命令)

指定底面的中心点或 [三点(3P)/两点(2P)/

相切、相切、半径(T)/椭圆(E)]: (在适当位置点击，定底面圆心)

指定底面半径或 [直径(D)] <7.5000>: d (输入选项 d)

指定直径 <15.0000>: 15✓ (输入 15,回车)

指定高度或 [两点(2P)/轴端点(A)] <50.0000>: 50 ✓ (输入 50,回车结束命令)

结果如图 7.33 所示。

(4) 创建圆柱孔。

① 用三维制作控制台的"三维移动"命令，将圆柱体移动到主体结构的规定位置，在三维导航控制台的下拉列表中选择"东北等轴测"项，则结果如图 7.34 所示。

② 用三维制作控制台的"差集"命令将主体结构减去圆柱体，结果如图 7.35 所示。

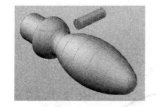  

图 7.33 圆柱体   图 7.34 移动组合两部分   图 7.35 绘制结果(东北等轴测)

\

7.5 课后练习

1．单选题

(1) 既能创建球体，又能创建圆锥体的命令是_____。

    (A) 基本形体命令   (B) 拉伸命令

    (C) 旋转命令   (D) 扫掠命令

(2) 基本形体命令、拉伸命令、旋转命令、扫掠命令均可创建的形体是_____。

    (A) 圆柱体   (B) 长方体

    (C) 球体   (D) 圆锥体

2．思考题

(1) 三维建模用户界面的面板由哪几部分组成？

(2) 二维绘图空间和三维建模空间如何转换？

(3) 执行布尔运算的"差集"命令时，对象的选择有无先后？

(4) 并集、差集和交集三个命令有何不同？

3．绘图题

(1) 根据如图 7.36 所注尺寸，创建其三维实体模型。

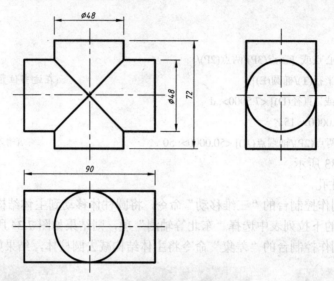

图 7.36　三维实体绘制(1)

(2) 根据图 7.37 所注尺寸，创建其三维实体模型。

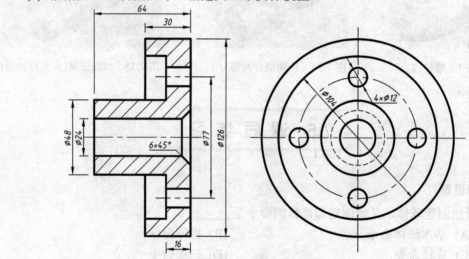

图 7.37　三维实体绘制(2)

(3) 根据图 7.38 所注尺寸，创建其三维实体模型。

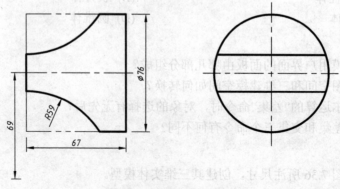

图 7.38　三维实体绘制(3)

(4) 根据图 7.39 所注尺寸，创建其三维实体模型。

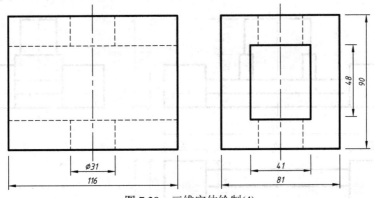

图 7.39 三维实体绘制(4)

(5) 根据图 7.40 所注尺寸，创建其三维实体模型。

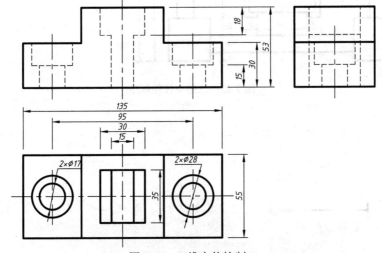

图 7.40 三维实体绘制(5)

(6) 根据图 7.41 所注尺寸，创建其三维实体模型。

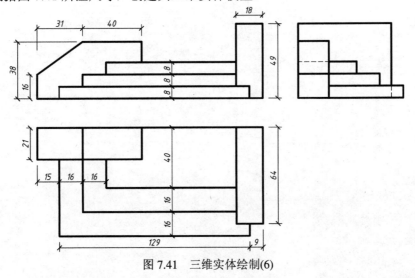

图 7.41 三维实体绘制(6)

(7) 根据图 7.42 所注尺寸，创建其三维实体模型。

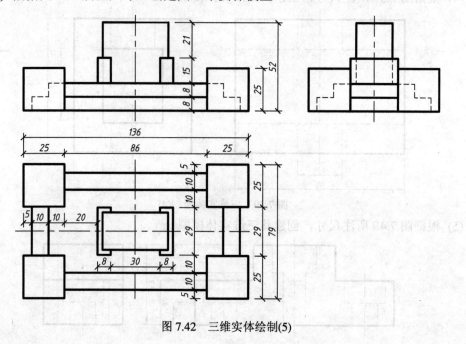

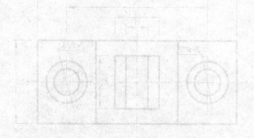

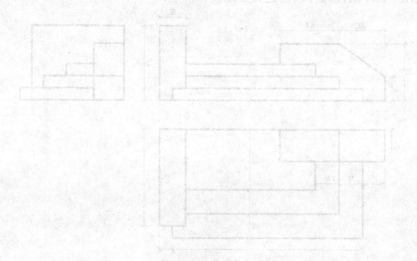

图 7.42　三维实体绘制(5)

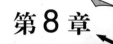

常见投影图的绘制

☞本章介绍了常见投影图绘制的相关知识，主要内容包括：平面图形的绘制、三面投影图的绘制、零件图的绘制、建筑平面图的绘制及轴测图的绘制等。

ఴఴఴఴఴఴఴఴఴఴఴఴఴఴ

8.1 平面图形的绘制

在绘制平面图形时，首先要对图形进行分析，确定已知线段、中间线段和连接线段。根据其结构特点，先绘制已知线段，再绘制中间线段，后绘制连接线段。绘制平面图形时，使用二维绘图命令和修改命令；遇到圆弧，首先考虑"圆角"命令，其次考虑"相切、相切、半径"画圆命令。

本节以图 8.1 为例，具体说明绘制平面图形的主要步骤。

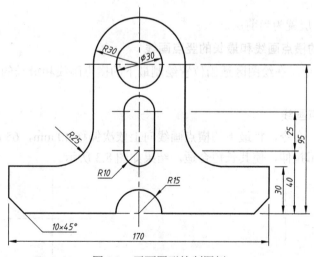

图 8.1　平面图形绘制图例

8.1.1　设置绘图环境

1. 设置单位

根据图示尺寸无小数的特点，设置精度为"0"。

单击"格式"下拉菜单的"单位"命令，打开"图形单位"对话框；在"长度"选项组中设置"精度"列表框为"0"。

2．设置图幅

根据图示尺寸大小，设置图幅界限。

单击"格式"下拉菜单的"图形界限"命令，按命令行提示操作如下：

命令: '_limits　　　　　　　　　　　　　　　　　　　　　　　　　　　（执行命令）

重新设置模型空间界限:　　　　　　　　　　　　　　　　　　　　　　（信息行）

指定左下角点或 [开(ON)/关(OFF)] <0,0>:　　　　　　　　　（回车，确认缺省项）

指定右上角点 <420,297>:↙　　　　　　　　　　　　　　　（回车，确认缺省项）

命令: zoom　　　　　　　　　　　　　　　　　　　执行"缩放"命令）

指定窗口的角点，输入比例因子 (nX 或 nXP)，或者[全部(A)/中心(C)/动态(D)/

范围(E)/上一个(P)/比例(S)/窗口(W)/对象(O)] <实时>:A↙　　（输入可选项"A"，回车）

3．设置图层

根据图形线型要求，设置图层。

单击"格式"下拉菜单的"图层"命令，打开"图层特性管理器"对话框；新建图层名称及设置如下。

标　注：线型—Continuous；颜色—蓝色；线宽—0.25

粗实线：线型—Continuous；颜色—白色；线宽—0.70

点画线：线型—CENTER2；颜色—红色；线宽—0.25

8.1.2　绘制对称中心线

将"点画线"层置为当前层。

1．绘制最下的横点画线和最长的竖点画线

用"直线"命令，在绘图区适当位置绘制最下的横点画线和最长的竖点画线各一条，如图 8.2 所示。

2．绘制其他点画线

(1) 用"偏移"命令，将最下的横点画线向上依次偏移 40 mm，65 mm，95 mm。

(2) 用夹点编辑拉伸，使其长短合适，结果如图 8.3 所示。

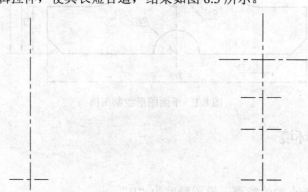

图 8.2　绘制横竖点画线　　　　　　　图 8.3　偏移及夹点编辑拉伸

8.1.3 绘制圆

(1) 将"粗实线"层置为当前层,打开"对象捕捉"并设置"交点"捕捉模式。

(2) 用"圆"命令绘制直径为 30 mm 的圆及半径为 15 mm、30 mm 的圆弧所在的圆,结果如图 8.4 所示。

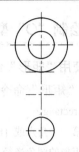

图 8.4 绘制圆及圆弧所在的圆

8.1.4 绘制左侧

1. 绘制直线

打开"极轴"、"对象追踪"、"对象捕捉"并设置"交点"捕捉模式。用"直线"命令绘制左侧直线,结果如图 8.5 所示。

2. 绘制圆角和倒角

(1) 绘制圆角。使用"圆角"命令,选择"修剪"模式,半径为 25 mm,绘制圆弧连接。

(2) 绘制倒角。使用"倒角"命令,以"距离 1"、"距离 2"均为 10,对左下倒角。结果如图 8.6 所示。

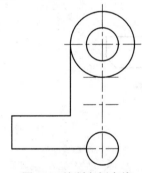

图 8.5 绘制左侧直线

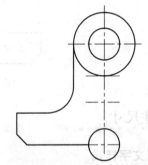

图 8.6 绘制圆角和倒角

8.1.5 绘制右侧并修剪

(1) 使用"镜像"命令,选择直线及圆角、倒角,以竖点画线为镜像线绘制出右侧。

(2) 使用"修剪"命令,选择中间两条竖向粗实线和最下两条横向粗实线为修剪边,修剪上方的大圆和下方小圆的下半边。结果如图 8.7 所示。

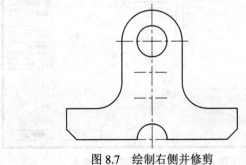

图 8.7 绘制右侧并修剪

8.1.6　绘制 "O" 型环

1. 使用 "矩形" 命令绘制

单击 "矩形" 命令，在绘图区适当位置确定一个端点，按命令行提示操作如下：

命令: rectang↙　　　　　　　　　　　　　　　　　　　　　　　　（执行 "矩形" 命令）

指定第一个角点或 [倒角(C)/标高(E)/圆角(F)/厚度(T)/宽度(W)]:F↙　　　（输入选项 F，回车）

指定矩形的圆角半径 <0>: 10↙　　　　　　　　　　　　　　　　　（输入半径 10，回车）

指定第一个角点或 [倒角(C)/标高(E)/圆角(F)/厚度(T)/宽度(W)]:　　　　（指定左下角点）

指定另一个角点或 [面积(A)/尺寸(D)/旋转(R)]: @20,45↙　　　　　　　（输入@20,45，回车）

2. 使用 "移动" 命令移动

使用 "移动" 命令，以 "O" 型环圆弧的圆心为基点，将其移动到图示位置处，结果如图 8.8 所示。

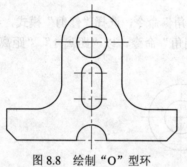

图 8.8　绘制 "O" 型环

8.1.7　标注尺寸

1. 设置文字样式

设置文字样式，选用字体文件 "gbeitc.shx"。

2. 设置标注样式

设置标注样式，建立新样式和子样式，如图 8.9 所示。具体设置如下。

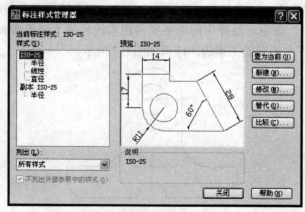

图 8.9　建立的新样式和子样式

(1) 在"ISO-25"和"副本 ISO-25"中,将"文字"选项卡"文字外观"选项区的"文字样式"设置为所定义字体;将"调整"选项卡"标注特征比例"选项区的"使用全局比例"设置为 2;"主单位"选项卡"线性标注"选项区的"精度"设置为 0;其他为默认。

(2) 在"副本 ISO-25"的子样式"半径"中,点选"文字"选项卡"文字对齐"选项区的"水平"单选钮;其他为默认。

3. 标注

(1) 将"标注"层置为当前层,设置"端点"捕捉。

(2) 设置"ISO-25"为当前样式,用"线性"命令标注 30、40、25、95、170;用"半径"命令标注 R30、R25;用"直径"命令标注 ϕ30;用"快速引线"命令标注 10×45°。

(3) 设置"副本 ISO-25"为当前样式,用"半径"命令标注 R10、R15。

特别注意:"快速引线"命令的设置:在"注释"选项卡中,点选"多行文字"单选钮;在"引线和箭头"选项卡中,点选"直线"单选钮,"箭头"列表选择"无","角度约束"列表"第一段"选择"45°","第二段"选择"水平";在"附着"选项卡中,勾选"最后一行加下划线"。

8.2 三面投影图的绘制

在绘制三面投影图时,要对形体进行分析,按照形体特点首先绘制反映外观特征的投影,然后绘制其他投影。根据三面投影图之间遵循的"三等关系",绘制时常用"极轴"、"对象捕捉"和"对象追踪"等辅助工具。

本节以图 8.10 为例,具体说明绘制三面投影图的主要步骤。

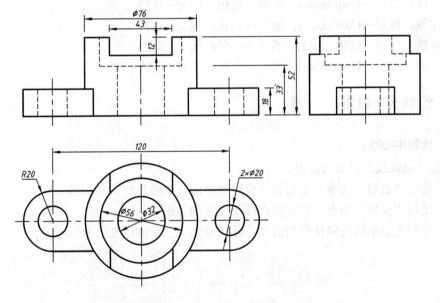

图 8.10 三面投影图绘制图例

8.2.1　设置绘图环境

1．设置单位

根据图 8.10 所示尺寸的特点，设置精度。

单击"格式"下拉菜单的"单位"命令，打开"图形单位"对话框；在"长度"选项组中设置"精度"列表框为"0.0"。

2．设置图幅

根据图 8.10 所示尺寸大小，设置图幅界限。设置 A3 幅面大小(若系统已是 A3 幅面大小，仅执行"缩放"命令)

单击"格式"下拉菜单的"图形界限"命令，按命令行提示进行如下操作：

命令: '_limits　　　　　　　　　　　　　　　　　　　　　　　　　　　　(执行命令)

重新设置模型空间界限:　　　　　　　　　　　　　　　　　　　　　　(信息行)

指定左下角点或 [开(ON)/关(OFF)] <0,0>:　　　　　　　　　　　　　(回车)

指定右上角点 <210,150>:420，297✓　　　　　　　　　(输入 420，297；回车)

命令: zoom　　　　　　　　　　　　　　　　　　　　　　(执行"缩放"命令)

指定窗口的角点，输入比例因子 (nX 或 nXP)，或者[全部(A)/中心(C)/动态(D)/

范围(E)/上一个(P)/比例(S)/窗口(W)/对象(O)] <实时>:A✓　(输入可选项"A"，回车)

3．设置图层

根据图形线型要求，设置图层。

单击"格式"下拉菜单的"图层"命令，打开"图层特性管理器"对话框；新建图层名称及设置如下。

标　注：线型—Continuous；颜色—蓝色；线宽—0.25

粗实线：线型—Continuous；颜色—白色；线宽—0.7

点画线：线型—CENTER2；颜色—红色；线宽—0.25

虚　线：线型—HIDDEN2；颜色—黄色；线宽—0.25

8.2.2　绘制水平投影

1．绘制中心线

设置"点画线"层为当前层。

(1) 使用"直线"命令，在适当位置绘制横向点画线和竖向点画线。

(2) 使用"偏移"命令，将竖向点画线向两侧各偏移 60。

(3) 使用夹点编辑将偏移得到的竖点画线变短。结果如图 8.11 所示。

图 8.11　绘制中心线

2. 绘制圆、圆弧和粗实线

设置"粗实线"层为当前层。

(1) 使用"圆"命令绘制直径为 32 mm、56 mm、76 mm、20 mm 的圆及半径为 20 mm 的圆弧所在的圆。

(2) 使用"修剪"命令,选择两侧竖向点画线为修剪边,修剪两侧半径为 20 mm 的圆弧所在圆的内侧半圆。

(3) 使用"直线"命令,绘制两侧 4 条竖向粗实线。结果如图 8.12 所示。

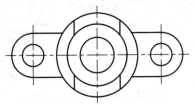

图 8.12 绘制水平投影

8.2.3 绘制正面投影

1. 绘制点画线

设置"点画线"层为当前层。使用"直线"命令,利用"对象追踪"绘制点划线。

2. 绘制左侧粗实线和虚线

(1) 设置"粗实线"层为当前层。使用"直线"命令,利用"对象追踪"绘制粗实线。

(2) 设置"虚线"层为当前层。使用"直线"命令,利用"对象追踪"绘制虚线。结果如图 8.13 所示。

3. 镜像得到右半边

使用"镜像"命令,选择左侧所画对象,以中间竖点画线为镜像线绘制出右侧,结果如图 8.14 所示。

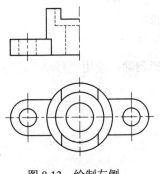

图 8.13 绘制左侧

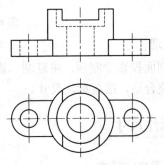

图 8.14 绘制右侧

8.2.4 绘制侧面投影

1. 复制并旋转水平投影

(1) 使用"复制"命令将水平投影复制到右侧。

(2) 使用"旋转"命令将右侧复制的水平投影旋转 90°。结果如图 8.15 所示。

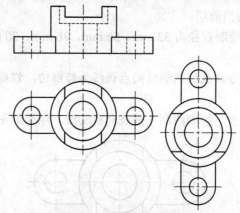

图 8.15　复制并旋转水平投影

2. 利用"对象追踪"绘制侧面投影

使用"直线"命令，利用"对象追踪"绘制侧面投影，结果如图 8.16 所示。

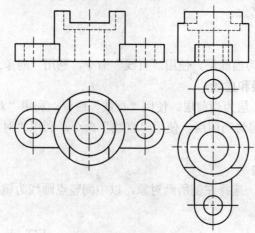

图 8.16　绘制侧面投影

3. 整理

完成侧面投影绘制后，将复制、旋转的水平投影删除；使用"移动"命令将三面投影的间距调整合适，准备标注尺寸。

8.2.5　标注尺寸

1. 设置文字样式

设置文字样式，选用字体"gbeitc.shx"。

2. 设置标注样式

1) 建立新样式和子样式

(1) 建立"副本 ISO-25"新样式。其下设"半径"、"直径"两个子样式。

(2) "ISO-25"样式下设立"线性"、"直径"两个子样式。

2) 选项设置

(1) 在"ISO-25"和"副本 ISO-25"中,将"文字"选项卡"文字外观"选项区的"文字样式"设置为所定义字体;"符号和箭头"选项卡"箭头"设置为 2;将"调整"选项卡"标注特征比例"选项区的"使用全局比例"设置为 2;"主单位"选项卡"线性标注"选项区的"精度"设置为 0;其他为默认。

(2) 在"ISO-25"的子样式"直径"中,点选"文字"选项卡"文字对齐"选项区的"对齐"单选钮;其他为默认。

(3) 在"副本 ISO-25"的子样式"半径"、"直径"中,点选"文字"选项卡"文字对齐"选项区的"水平"单选钮;其他为默认。

3. 标注

(1) 将"标注"层置为当前层。

(2) 设置"ISO-25"为当前样式,并设置"端点"捕捉。用"线性"命令标注 18、33、52、12、43、ϕ76、120;用"直径"命令标注ϕ32、ϕ56。

(3) 设置"副本 ISO-25"为当前样式,用"半径"命令标注 R20;用"直径"命令标注 2 × ϕ20。

8.3 零件图的绘制

在绘制零件图时,同样要对零件进行分析,首先绘制反映外观特征的视图,然后绘制其它视图。绘制时常用"极轴"、"对象捕捉"和"对象追踪"等辅助工具。

本节以图 8.17 为例,具体说明绘制零件图的主要步骤。

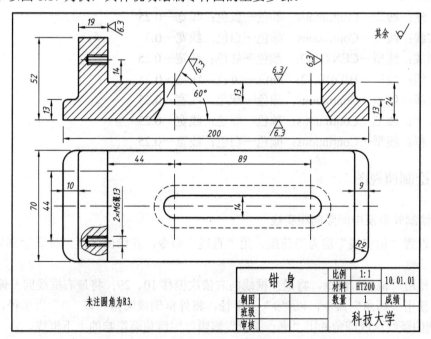

图 8.17 零件图绘制图例

8.3.1　设置绘图环境

1. 设置单位

根据图 8.17 所示尺寸特点，设置精度为"0"。

单击"格式"下拉菜单的"单位"命令，打开"图形单位"对话框；在"长度"选项组中设置"精度"列表框为"0"。

2. 设置图幅

根据图 8.17 所示尺寸大小，设置图幅界限。设置 A3 幅面大小(若系统已是 A3 幅面大小，仅执行"缩放"命令)

单击"格式"下拉菜单的"图形界限"命令，按命令行提示进行如下操作：

命令: '_limits　　　　　　　　　　　　　　　　　　　　　　　　　(执行命令)

重新设置模型空间界限:　　　　　　　　　　　　　　　　　　　　　　(信息行)

指定左下角点或 [开(ON)/关(OFF)] <0,0>:　　　　　　　　　　　　　(回车)

指定右上角点 <210,150>:420，297✓　　　　　　　　(输入 420，297；回车)

命令: zoom　　　　　　　　　　　　　　　　　　　　　　(执行"缩放"命令)

指定窗口的角点，输入比例因子 (nX 或 nXP)，或者[全部(A)/中心(C)/动态(D)/

范围(E)/上一个(P)/比例(S)/窗口(W)/对象(O)] <实时>:A✓　　　　(输入可选项"A"，回车)

3. 设置图层

根据图形线型要求，设置图层。

单击"格式"下拉菜单的"图层"命令，打开"图层特性管理器"对话框；新建图层名称及设置如下。

标　注：线型—Continuous；颜色—蓝色；线宽—0.25

粗实线：线型—Continuous；颜色—白色；线宽—0.7

点画线：线型—CENTER2；颜色—红色；线宽—0.25

虚　线：线型—HIDDEN2；颜色—黄色；线宽—0.25

剖面线：线型—Continuous；颜色—绿色；线宽—0.25

文　字：线型—Continuous；颜色—绿色；线宽—0.25

图　框：线型—Continuous；颜色—白色；线宽—0.25

8.3.2　绘制俯视图

1. 绘制外框及中间竖向粗实线

(1) 设置"粗实线"层为当前层。用"直线"命令，在绘图区适当位置绘制外面的矩形框。

(2) 使用"偏移"命令，将最左框线向右依次偏移 10、29；将最右框线向左偏移 9。

(3) 使用"圆角"命令，以"9"为半径，将外框倒成圆角；以"3"为半径，将两侧偏移得到的竖线倒成圆角并用"夹点编辑"编辑好因倒角而影响的上下框线。

2．绘制点画线

(1) 设置"点画线"层为当前层。用"直线"命令，绘制横向点画线 3 条及竖向点画线 2 条。

(2) 用"夹点编辑"拉伸，使其长短合适。

3．绘制"O"型环

(1) 设置"粗实线"层为当前层。使用"矩形"命令，在绘图区适当位置确定矩形的左下端点，输入"@103,28"指定右上端点完成"O"型环的绘制。

(2) 使用"移动"命令，以"O"型环圆弧的圆心为基点，将其移动到图示位置处。

4．绘制内螺纹孔

(1) 使用"直线"命令，绘制螺纹孔小径及钻角。

(2) 设置"0"层为当前层。使用"直线"命令，绘制螺纹孔大径；使用"样条曲线"命令，绘制波浪线。

上述操作完成后，结果如图 8.18 所示。

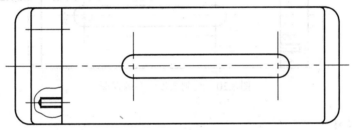

图 8.18　绘制俯视图

8.3.3　绘制主视图

1．绘制主视图的内外轮廓

(1) 设置"粗实线"层为当前层，打开"极轴"(角增量设置为 30)、"对象追踪"、"对象捕捉"并设置"端点"、"交点"捕捉模式。

(2) 使用"直线"命令绘制内外轮廓；用"复制"命令将俯视图中的内螺纹孔复制到主视图。

(3) 设置"点画线"层为当前层。用"直线"命令，绘制竖向点画线 2 条。

(4) 使用"圆角"命令，以"3"为半径，将图中圆角处修改为圆角，结果如图 8.19 所示。

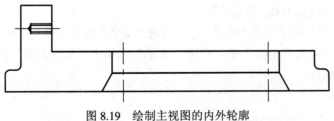

图 8.19　绘制主视图的内外轮廓

2．绘制剖面线及俯视图虚线环

(1) 设置"剖面线"层为当前层，使用"图案填充"命令，选择"ANSI31"图案，设置比例为"2"，在图示区域填充剖面线。

(2) 使用"偏移"命令，以"指定距离方式"偏移得到虚线环所在位置的实线环。

(3) 点选偏移得到的实线环，设置"虚线"层为当前层，则实线环变为虚线环。

上述操作完成后，结果如图 8.20 所示。

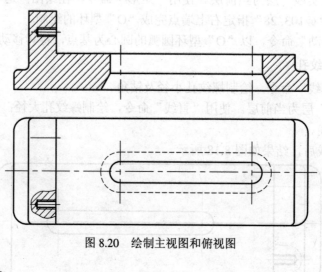

图 8.20　绘制主视图和俯视图

8.3.4　标注尺寸

1．设置文字样式

设置文字样式：输入汉字用字体"仿宋_GB2312"（"宽度比例"文本框数值设置为 0.7)，标注尺寸用字体"gbeitc.shx"。

2．设置标注样式

1) 建立子样式。

"ISO-25"样式下设立"线性"、"半径"、"角度"三个子样式。

2) 选项设置

(1) 在"ISO-25"中，将"文字"选项卡"文字外观"选项区的"文字样式"设置为标注尺寸用字体"gbeitc.shx"；"符号和箭头"选项卡的"箭头"设置为 2；将"调整"选项卡"标注特征比例"选项区的"使用全局比例"设置为 2；"主单位"选项卡"线性标注"选项区的"精度"设置为 0；其他为默认。

(2) 在"ISO-25"的子样式"半径"中，点选"文字"选项卡"文字对齐"选项区的"对齐"单选钮；在子样式"角度"中，点选"文字"选项卡"文字对齐"选项区的"水平"单选钮；其他为默认。

3．标注

(1) 将"标注"层置为当前层。

(2) 设置"ISO-25"为当前样式，并设置"端点"捕捉。用"线性"命令标注俯视图的

44、70、44、89、10、2×M6 深 13、14、9，用"半径"命令标注 R9；用"线性"命令标注主视图的 13、52、19、14、13、13、24、200，用"角度"命令标注 60°。

8.3.5　标注表面粗糙度

(1) 使用"直线"命令，绘制表面粗糙度基本符号。

(2) 选择字体"gbeitc.shx"，使用"单行文字"命令，输入参数值为 6.3。

(3) 使用"复制"命令，将表面粗糙度基本符号和参数值复制到各个位置。如果位置或方向不正确，用"旋转"或"移动"命令修改。

8.3.6　绘制图框和标题栏

1．绘制图框

(1) 尺寸参照图 6.29 上机练习(1)。

(2) 设置"图框"层为当前层，使用"矩形"命令绘制矩形，矩形大小为 267×200(A4 大小，已减去预留边尺寸)。

(3) 用"移动"命令将其移动到适当的位置。

2．绘制标题栏

(1) 使用"直线"命令，绘制标题栏外框，外框尺寸 120×40。

(2) 使用"偏移"命令，将标题栏外框线偏移为分格线并用"修剪"命令将长短修改合适。

(3) 将分格线线宽改变为"0.25"。

3．输入文字

使用"单行文字"命令，选用字体"仿宋_GB2312"("宽度比例"文本框数值设置为 0.7)输入文字。

8.4　建筑平面图的绘制

建筑平面图的尺寸比较大，系统默认的图幅不适用，绘图时一般要设置绘图界限。图样中墙线较多，因而"多线"命令和"多线编辑"命令使用较多。

本节以图 8.21 为例，说明建筑平面图的绘制。

8.4.1　设置绘图环境

1．设置单位

根据建筑平面图图示尺寸无小数的特点，设置精度。

单击"格式"下拉菜单的"单位"命令，打开"图形单位"对话框；在"长度"选项组中设置"精度"列表框为"0"。

2．设置图幅

根据图 8.21 所示尺寸大小，设置图幅界限。

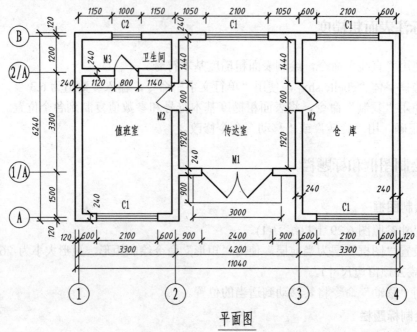

平面图

图 8-21　建筑平面图绘制图例

单击"格式"下拉菜单的"图形界限"命令，按命令行提示进行如下操作：

命令：limits↙　　　　　　　　　　　　　　　　　　　　　　（执行命令）

重新设置模型空间界限：　　　　　　　　　　　　　　　　　　（信息行）

指定左下角点或 ［开(ON)/关(OFF)］ <0,0>：↙　　　　　　　（回车，确认缺省项）

指定右上角点 <420,297>:21000，15000↙　　　　　（输入 21000，15000；回车）

命令：zoom↙　　　　　　　　　　　　　　　　　　　　　（执行"缩放命令"）

指定窗口的角点，输入比例因子 (nX 或 nXP)，或者[全部(A)/中心(C)/动态(D)/

范围(E)/上一个(P)/比例(S)/窗口(W)/对象(O)] <实时>：A↙　　（输入可选项"A"，回车）

3．设置图层

根据图形线型要求，设置图层。

单击"格式"下拉菜单的"图层"命令，打开"图层特性管理器"对话框；新建图层
名称及设置如下。

标注：线型—Continuous；颜色—蓝色；线宽—0.25

轴线：线型—Continuous；颜色—红色；线宽—0.25

墙线：线型—Continuous；颜色—白色；线宽—0.70

　门：线型—Continuous；颜色—黄色；线宽—0.35

　窗：线型—Continuous；颜色—绿色；线宽—0.25

文字：线型—Continuous；颜色—绿色；线宽—0.25

平台：线型—Continuous；颜色—青色；线宽—0.35

轴线编号：线型—Continuous；颜色—蓝色；线宽—0.25

4．设置文字样式

(1) 单击下拉菜单"格式"→"文字样式"命令，打开"文字样式"对话框。

(2) 新建样式名为"标注"，选用字体"gbeitc.shx"；新建样式名为"文字"，选用字体"仿宋_GB2312"（"宽度比例"文本框数值设置为 0.7）。

5．设置标注样式

(1) 单击下拉菜单"格式"→"标注样式"命令，打开"标注样式管理器"对话框；基于"ISO-25"建立"线性"子样式。

(2) 选择"线性"子样式，点击"修改"按钮打开"修改标注样式：ISO-25：线性"对话框，具体设置如下：

① 选择"直线"选项卡，在"尺寸界线"选项区中设置"起点偏移量"为"5"；

② 选择"符号和箭头"选项卡，在"箭头"选项区中将"箭头"选项组中的"第一项"、"第二项"列表框均设为"建筑标记"，将"箭头大小"列表框设为"2"；

③ 选择"文字"选项卡，将"文字外观"选项组中的"文字样式"列表框设为"标注"。

④ 选择"调整"选项卡，将"标注特征比例"选项组中的"使用全局比例"单选项设为 100(根据出图比例设置，此处根据书上插图的需要设置)。

⑤ 选择"主单位"选项卡，将"线性标注"选项组中的"精度"单选项设为 0。

8.4.2　绘制轴线

设置"轴线"层为当前层。

1．绘制最上、最左轴线

(1) 使用"直线"命令，绘制最上轴线，长度为 10800。

(2) 使用"直线"命令，绘制最左轴线，长度为 6000。

2．绘制其他轴线

(1) 将最上轴线依次向下偏移 1200、3300、1500，得到下面三条横向轴线。

(2) 将最左轴线依次向右偏移 3300、4200、3300，得到后三条竖向轴线。结果如图 8.22 所示。

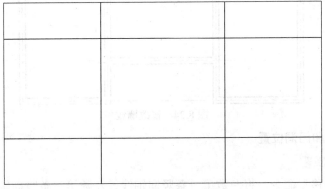

图 8.22　绘制辅助线(轴线)

8.4.3 绘制墙线

设置"墙线"层为当前层。

1. 设置多线样式

单击下拉菜单"格式"→"多线样式"命令，打开"多线样式"对话框；在"多线样式"对话框中，单击"修改"按钮，选择起点、端点用"直线"封口。

2. 绘制墙线

(1) 单击下拉菜单"绘图"→"多线"命令，设置"对正"为"无"，"比例"为"240"。

(2) 按照图 8.23 所示绘制墙线。

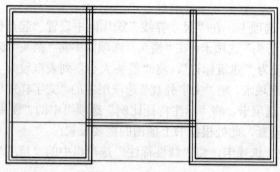

图 8.23 绘制墙线

8.4.4 编辑墙线

1. 修改墙线

单击下拉菜单"修改"→"对象"→"多线"命令，弹出"多线编辑工具"对话框。选择"T 形合并"选框，进行修改(注意：首先选择"T"字的竖笔画，后选择"T"字的横笔画)。结果如图 8.24 所示。

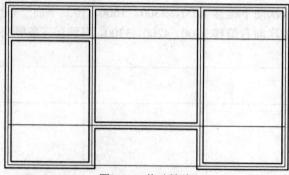

图 8.24 修改墙线

2. 确定窗洞和门洞位置

1) 确定窗洞位置

(1) 使用"偏移"命令，将左数第一条竖向轴线、左数第三条竖向轴线向右偏移 600，将右数第一条竖向轴线、右数第三条竖向轴线向左偏移 600；再使用"修剪"命令，确定左前窗洞、右前窗洞和右后窗洞。

(2) 将左数第一条竖向轴线向右偏移 1150，左数第二条竖向轴线向左偏移 1150；再使用"修剪"命令，确定左后窗洞。

(3) 将左数第二条竖向轴线向右偏移 1050，左数第三条竖向轴线向左偏移 1050；再使用"修剪"命令，确定中间后窗洞

2) 确定门洞位置

(1) 将左数第一条竖向轴线向右偏移 1240，左数第二条竖向轴线向左偏移 1260；再使用"修剪"命令，确定 M3 门洞。

(2) 将左数第二条竖向轴线向右偏移 900，左数第三条竖向轴线向左偏移 900；再使用"修剪"命令，确定 M1 门洞。

(3) 将上数第一条横向轴线向下偏移 1560，下数第二条横向轴线向上偏移 2040；再使用"修剪"命令，确定 M2 门洞。

结果如图 8.25 所示。

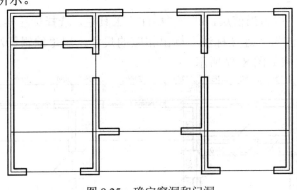

图 8.25 确定窗洞和门洞

8.4.5 绘制窗、门和门口平台

1. 绘制窗

设置"窗"层为当前层。

(1) 使用"直线"命令和"偏移"命令绘制出一个窗图例(也可利用"块"进行操作)。

(2) 使用"复制"命令复制出其他各处相同的窗图例。

2. 绘制门

设置"门"层为当前层。

(1) 设置极轴"增量角"为 45°。

(2) 使用"直线"命令，绘制出门图例(也可利用"块"进行操作)。

3. 绘制门口平台和门口分界线

(1) 设置"平台"层为当前层，使用"直线"命令绘制出门口平台。

(2) 设置"0"层为当前层，使用"直线"命令绘制出 M1 和 M3 门口水平分界线。

结果如图 8.26 所示。

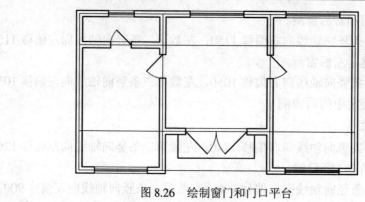

图 8.26　绘制窗门和门口平台

8.4.6　标注尺寸和轴线编号

1. 标注尺寸

(1) 设置"标注"层为当前层，调出"标注"工具栏，选择标注样式为所定义"标注"。

(2) 用"线性标注"、"连续标注"标出相应的尺寸，用"编辑标注文字"等命令对标注作适当调整。其结果如图 8.27 所示。

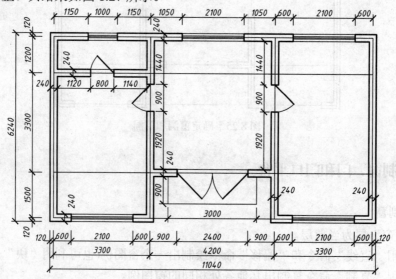

图 8.27　标注尺寸

2. 标注轴线编号(以水平方向的定位轴线编号为例)

1) 定义块属性

(1) 设置"轴线编号"层为当前层，用"直线"命令先绘制左下定位轴线的引线，用"圆"命令绘制半径为 400 的圆。

(2) 单击下拉菜单"绘图"→"块"→"定义属性"命令，打开"属性定义"对话框。在"属性"选项组的"标记"、"提示"、"值"文本框中分别输入"1"、"输入轴号"、"2"；在"文字选项"选项组中，选择"对正"为"中间"项，选择"文字"为所定义的"文字"，输入"高度"为"350"，其他设置为默认；在"插入点"选项组中勾选"在屏幕上指定"

复选框，单机"确定"，拾取半径为 400 圆的圆心为插入点，完成块属性的定义。

2）创建轴号块

(1) 单击"创建块"按钮，打开"块定义"对话框。

(2) 输入名称为"轴线编号(下)"；单击"拾取点"按钮，选择定位轴线编号引线的上端点为基点；点选"保留"单选钮，单击"选择对象"按钮，选择半径为 400 的圆、属性文字和引线为对象，单击"确定"按钮完成"轴线编号(下)"的创建。

3）插入轴号

(1) 单击"插入块"按钮，打开"插入"对话框。

(2) 选择块"轴线编号(下)"，完成平面图水平方向下侧的定位轴线编号的插入。

按照上述步骤完成左侧块的定义和插入。其结果如图 8.28 所示。

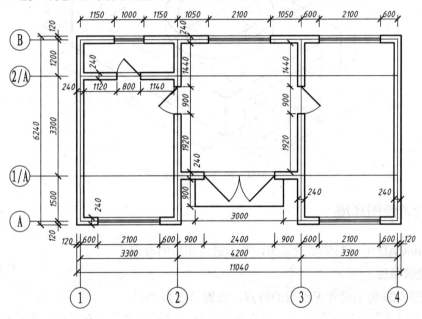

图 8.28 标注轴线编号

8.4.7 输入文字

设置"文字"层为当前层。利用"单行文字"命令完成房间功用名称、门窗代号和图名的输入。其中：房间功用名称、门窗代号的字高用 350；图名的字高用 500。关闭"轴线"层，最终结果如图 8.21 所示。

8.5 轴测投影图的绘制

AutoCAD 中绘制的等轴测投影图，其实质是空间立体的二维投影图。轴测投影能反映出立体长、宽、高三个方向尺度，立体感较强，在工程制图表达中有时候用作辅助表达。

绘制等轴测投影图采用的命令，就是绘制平面图形所使用的绘图和修改命令，绘制方法与绘制平面图形相近。在 AutoCAD 系统提供的等轴测绘图模式下，可以很容易地绘制出等轴测投影图。

  本节以图 8.29 为例，说明轴测投影图的绘制。

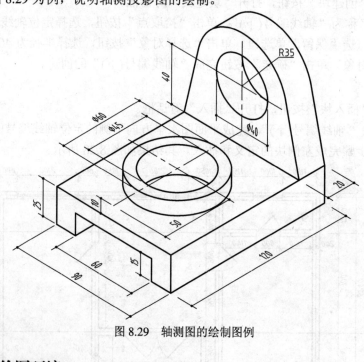

图 8.29　轴测图的绘制图例

8.5.1　设置绘图环境

  在 AutoCAD 中绘制轴测投影图，必须进行相应的设置。

  1. 设置单位

  根据图 8.29 所示尺寸无小数的特点，设置精度为"0"。

  单击"格式"下拉菜单的"单位"命令，打开"图形单位"对话框；在"长度"选项组中设置"精度"列表框为"0"。

  2. 设置图幅

  根据图 8.29 所示尺寸大小，设置图幅界限：左下角点为"0,0"，右上角点为"420,297"。

  3. 设置图层

  根据图形线型要求，设置图层。

  单击"格式"下拉菜单的"图层"命令，打开"图层特性管理器"对话框；新建图层名称及设置如下。

  标　注：线型—Continuous；颜色—蓝色；线宽—0.25

  粗实线：线型—Continuous；颜色—白色；线宽—0.70

  4. 设置等轴测模式

  绘制轴测投影图，在"AutoCAD 经典"工作空间进行。绘制时，首先要设置等轴测绘图模式，并确定轴测面。等轴测绘图模式和标准绘图模式的切换可通过如下步骤完成。

(1) 单击菜单栏中的"工具"→"草图设置"命令，弹出"草图设置"对话框；在"草图设置"对话框，单击"捕捉和栅格"选项卡。

(2) 在"捕捉类型"选项组中，先点选"栅格捕捉"单选钮，再点选"等轴测捕捉"单选钮。结果如图 8.30 所示。

(3) 单击"确定"按钮，退出"草图设置"对话框，系统进入等轴测绘图模式。这时，绘图区的十字光标样式也发生了变化。

图 8.30 "草图设置"对话框

5. 切换轴测面

系统定义了三个轴测面：左轴测面、上轴测面、右轴测面。要在某一轴测面上方便地绘图，必须使该轴测面成为当前绘图面。切换轴测面可通过如下两种方式完成。

1) 使用功能键

在等轴测模式下，按"F5"功能键，可顺次切换轴测面，即左轴测面、上轴测面、右轴测面。

2) 使用组合键

在等轴测模式下，按"Ctrl+E"组合键，可顺次切换轴测面，即左轴测面、上轴测面、右轴测面。

不同等轴测面的光标符号形状相当于用轴测轴中的两个轴表示，其形状样式如图 8.31 所示。

图 8.31 各等轴测面光标样式

8.5.2　绘制下底板

1．绘制长方体

(1) 在"草图设置"对话框的"捕捉和栅格"选项卡中，先点选"栅格捕捉"单选钮，再点选"等轴测捕捉"单选钮，进入等轴测绘图模式。

(2) 打开"正交"、"对象追踪"和"对象捕捉"模式并设置"端点"、"交点"捕捉模式。

(3) 通过"F5"功能键切换轴测面，用"直线"命令绘制长为 120，宽为 90，高为 25 的长方体。结果如图 8.32 所示。

2．绘制孔槽

(1) 按下"F5"功能键，切换至左轴测面。

(2) 使用"直线"命令绘制宽为 60，高为 15 的孔槽，结果如图 8.33 所示。

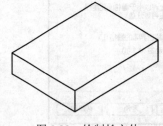　　　　　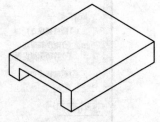

图 8.32　绘制长方体　　　　　　　图 8.33　绘制孔槽

8.5.3　绘制圆筒

1．绘制同心圆

(1) 使用"直线"命令，在长方体上表面按尺寸定圆心。

(2) 按下"F5"功能键，切换至上轴测面；单击绘图工具栏上的"椭圆"命令，按如下提示操作：

命令: _ellipse	(执行命令)
指定椭圆轴的端点或 [圆弧(A)/中心点(C)/等轴测圆(I)]: I↙	(输入可选项 I，回车)
指定等轴测圆的圆心:	(捕捉交点)
指定等轴测圆的半径或 [直径(D)]: 30↙	(输入 30，回车)

(3) 重复"椭圆"命令，绘制出同心的小圆ϕ45。结果如图 8.34 所示。

2．绘制上下端面

(1) 使用"复制"命令，将长方体上表面的两个同心圆及对称线向上 10 mm 处复制；然后使用"移动"命令，将长方体上表面的小圆ϕ45 向下移动 10 mm。

(2) 设置"象限点"捕捉模式，使用"直线"命令绘制ϕ60 圆柱体的过渡轮廓线；使用"修剪"命令和"删除"命令，将不需要的图线修剪整理。结果如图 8.35 所示。

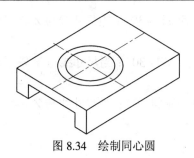

图 8.34　绘制同心圆

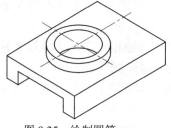

图 8.35　绘制圆筒

8.5.4　绘制右侧板

1．绘制右端面

(1) 切换到左轴测面；并打开状态栏中的"正交"、"对象捕捉"、"对象追踪"，设置"中点"、"圆心"、"端点"、"切点"、"象限点"捕捉模式。

(2) 利用"对象追踪"，使用"椭圆"命令的可选项"等轴测圆(I)"绘制直径为 ϕ40 和半径为 R35 的两个圆；用"直线"命令绘制两侧的切线。结果如图 8.36 所示。

2．绘制左端面

(1) 用"修改"命令修剪掉半径为 R35 圆的下半部分；切换到上轴测面，用"复制"命令将右端面向左 20 mm 处复制，得到左端面。

(2) 用"直线"命令绘制右上的过渡轮廓线；用"修剪"及"删除"命令将不需要的图线修剪整理。结果如图 8.37 所示。

图 8.36　绘制右端面

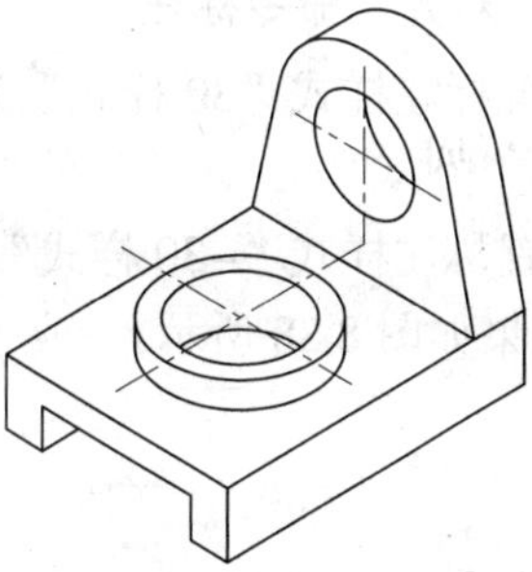

图 8.37　绘制完成

8.5.5　标注尺寸

1．标注方法

在轴测投影图的标注中，对于与轴线平行的对象，一般首先用"对齐"命令标注，然后用"编辑标注"命令的可选项"倾斜(O)"进行位置调整。

对于与轴线不平行的对象，一般用"对齐标注"命令标注，然后用"分解"命令分解，再用"单行文字"命令输入等。

2．尺寸数字在各个轴测面的倾斜角度

一般情况下，尺寸数字在各个轴测面的倾斜角度规定如下：

(1) 左轴测面：当尺寸线与 Y 轴平行时，尺寸数字倾斜−30°；当尺寸线与 Z 轴平行时，尺寸数字倾斜 30°。

(2) 上轴测面：当尺寸线与 X 轴平行时，尺寸数字倾斜−30°；当尺寸线与 Y 轴平行时，尺寸数字倾斜 30°。

(3) 右轴测面：当尺寸线与 X 轴平行时，尺寸数字倾斜 30°；当尺寸线与 Z 轴平行时，尺寸数字倾斜−30°。

3. 设置标注样式

1) 设置文字样式

(1) 新建样式名为"30 倾斜"，选用字体"gbenor.shx"，"倾斜角度"设置为 30°。

(2) 新建样式名为"−30 倾斜"，选用字体"gbenor.shx"，"倾斜角度"设置为−30°。

2) 设置标注样式

新建两种标注样式："30 样式"和"−30 样式"。具体设置如下：

(1) 选择"符号和箭头"选项卡，在"箭头"选项区中将"箭头"选项组中的"第一项"、"第二项"列表框均设为"小点"；

(2) 选择"调整"选项卡，将"标注特征比例"选项组中的"使用全局比例"单选项设为"2.5"(该处根据插图的需要设置)。

(3) "30 样式"，将"文字外观"选项组中的"文字样式"列表框设为"30 倾斜"；"−30 样式"，将"文字外观"选项组中的"文字样式"列表框设为"−30 倾斜"。

(4) 其他设置均为默认设置。

4. 用"对齐"命令标注

(1) 设置标注样式"30 样式"为当前样式，使用"对齐"命令标注 60、90、15、25、10、40。

(2) 设置标注样式"−30 样式"为当前样式，使用"对齐"命令标注 120、20、50、45、60、40。结果如图 8.38 所示。

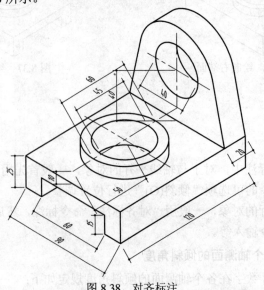

图 8.38　对齐标注

5．用"编辑标注"命令编辑

(1) 单击"标注"工具栏中的"编辑标注"命令，输入标注编辑类型"倾斜(O)"选项，设置倾斜角度为 30，然后选择尺寸 60、90，使其位置正确。

(2) 再次执行"编辑标注"命令，输入标注编辑类型"倾斜(O)"选项，设置倾斜角度为 –30，然后选择高度尺寸 15、25、10、40，使其位置正确。

(3) 再次执行"编辑标注"命令，输入标注编辑类型"倾斜(O)"选项，设置倾斜角度为 150，然后选择高度尺寸 120、20、50、45、60，使其位置正确。

(4) 再次执行"编辑标注"命令，输入标注编辑类型"倾斜(O)"选项，设置倾斜角度为 90，然后选择直径尺寸 40，使其位置正确。

(5) 再次执行"编辑标注"命令，输入标注编辑类型"新建(N)"选项，在文字显示区中通过"符号"按钮添加直径符号"ϕ"，然后选择直径尺寸 40、45、60，使其前面增加直径符号。

(6) 执行"编辑标注文字"命令，将尺寸位置作适当调整。结果如图 8.39 所示。

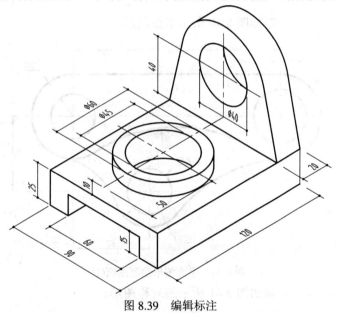

图 8.39　编辑标注

6．半径标注

对于半径的尺寸标注，先用"对齐标注"命令标注，然后用"分解"命令分解，再用"单行文字"命令输入。结果如图 8.39 所示。

8.6　课后练习

1．单选题

(1) 轴测模式下有三个轴测面，不存在的是_____。

　　(A) 左轴测面　　　　　　　　　　　　(B) 上轴测面

　　(C) 右轴测面　　　　　　　　　　　　(D) 下轴测面

(2) 在等轴测模式下，顺次切换轴测面的功能键是_____。

(A) "F2"键　　　　　　　　　　　(B) "F3"键

(C) "F4"键　　　　　　　　　　　(D) "F5"键

(3) 关于轴测图标注的说法，不正确的是_____。

(A) 与轴平行的对象可直接标注，但须编辑　　(B) 标注后不需修改编辑

(C) 直径可用"直径"命令标注　　　　　　　(D) 直径可用"半径"命令标注

2. 思考题

(1) 绘制平面图形时，圆弧连接如何绘制？

(2) 绘制三面投影图时，如何保证"三等关系"？

(3) 绘制零件图时，如何定义属性图块(以表面粗糙度符号为例)？

(4) 绘制轴测投影图时，如何绘制圆孔？

3. 绘图题

(1) 根据所注尺寸，绘制如图 8.40 所示平面图形。

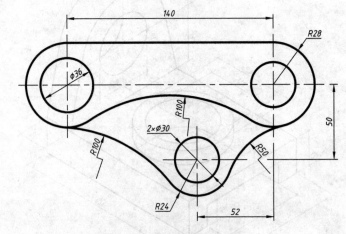

图 8.40　平面图形绘制图例(1)

(2) 根据所注尺寸，绘制如图 8.41 所示的对称图形。

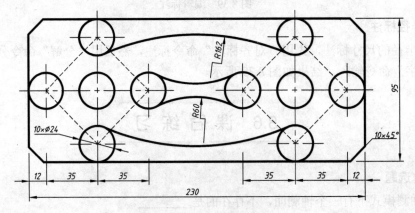

图 8.41　平面图形绘制图例(2)

(3) 根据所注尺寸，绘制如图 8.42 所示三面投影图。

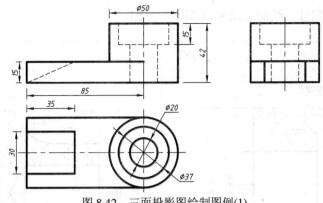

图 8.42　三面投影图绘制图例(1)

(4) 根据所注尺寸，绘制如图 8.43 所示三面投影图。

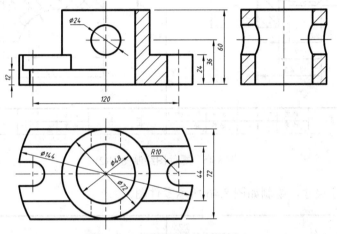

图 8.43　三面投影图绘制图例(2)

(5) 根据所注尺寸，绘制如图 8.44 所示零件图。

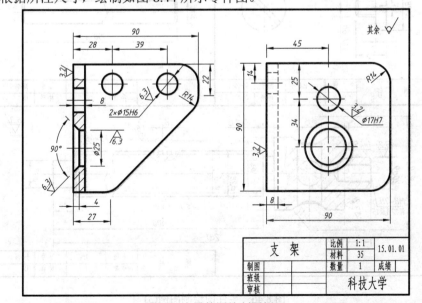

图 8.44　零件图绘制图例(1)

(6) 根据所注尺寸，绘制如图 8.45 所示零件图。

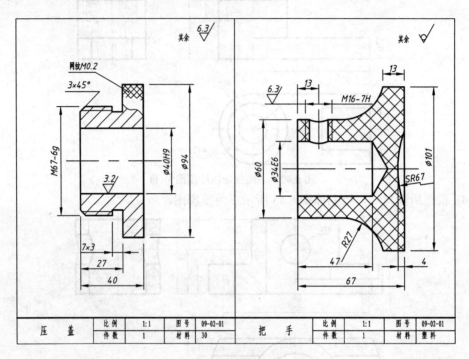

图 8.45　零件图绘制图例(2)

(7) 根据所注尺寸，绘制如图 8.46 所示零件图。

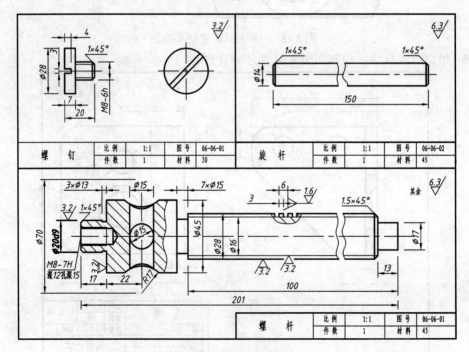

图 8.46　零件图绘制图例(3)

(8) 根据所注尺寸，绘制如图 8.47 所示平面图。

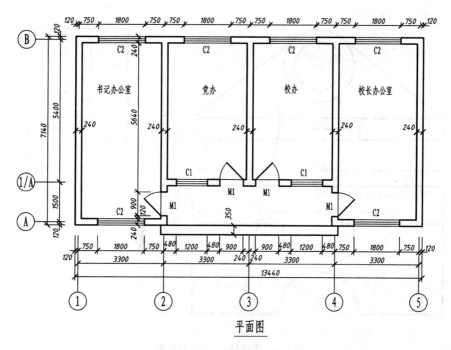

图 8.47　平面图绘制图例(1)

(9) 根据所注尺寸，绘制如图 8.48 所示平面图。

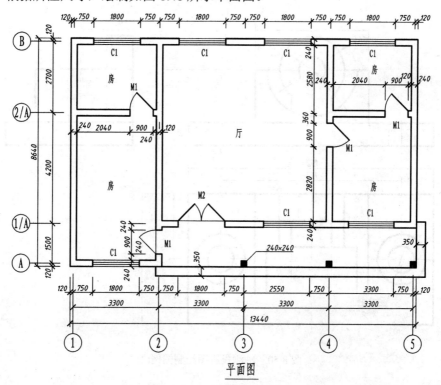

图 8.48　平面图绘制图例(2)

(10) 根据所注尺寸，绘制图 8.49 所示图形对应的轴测投影图。

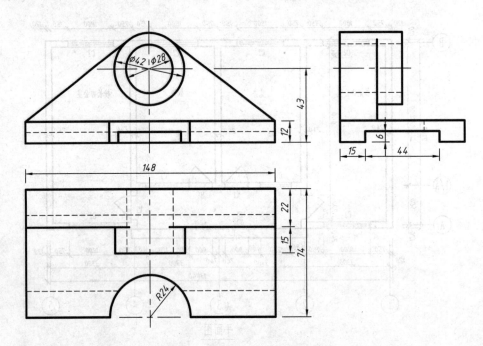

图 8.49　轴测投影图绘制图例(1)

(11) 根据所注尺寸，绘制如图 8.50 所示图形对应的轴测投影图。

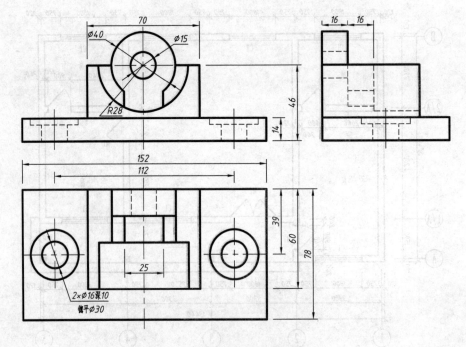

图 8.50　轴测投影图绘制图例(2)

(12) 根据所注尺寸，绘制如图 8.51 所示建筑平面图和立面图。

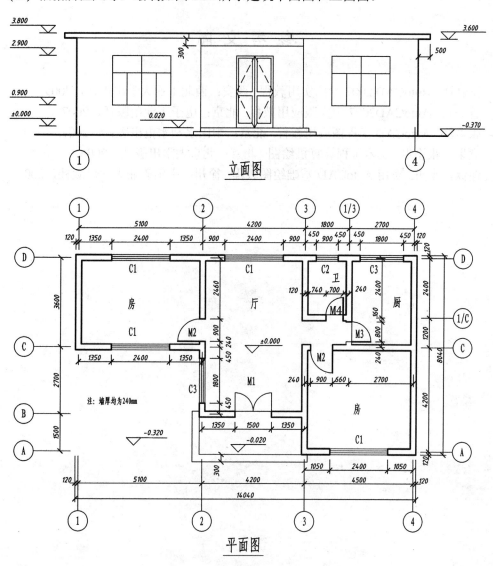

图 8.51　平面图和立面图绘制图例

参 考 文 献

[1]   支剑锋. AutoCAD 2007 绘图实用教程. 西安：西北工业大学出版社，2009.

[2]   曾令宜. AutoCAD2007 中文版应用教程. 北京：电子工业出版社，2007.

[3]   张多峰. AutoCAD 工程图应用教程. 北京：中国水利水电出版社，2007.

[4]   袁果，张渝生. 土木工程计算机绘图. 北京：北京大学出版社，2006.

[5]   谢泳，李勇. 实用 AutoCAD 基础绘图教程. 徐州：中国矿业大学出版社，2007.